Akramul Haque
Abul Hashem
Farhana Jasmin Rima

Efeito da irradiação gama no prazo de validade e na qualidade da carne de bovino

Akramul Haque
Abul Hashem
Farhana Jasmin Rima

Efeito da irradiação gama no prazo de validade e na qualidade da carne de bovino

ScienciaScripts

Imprint

Any brand names and product names mentioned in this book are subject to trademark, brand or patent protection and are trademarks or registered trademarks of their respective holders. The use of brand names, product names, common names, trade names, product descriptions etc. even without a particular marking in this work is in no way to be construed to mean that such names may be regarded as unrestricted in respect of trademark and brand protection legislation and could thus be used by anyone.

Cover image: www.ingimage.com

This book is a translation from the original published under ISBN 978-620-2-02333-7.

Publisher:
Sciencia Scripts
is a trademark of
Dodo Books Indian Ocean Ltd. and OmniScriptum S.R.L publishing group

120 High Road, East Finchley, London, N2 9ED, United Kingdom
Str. Armeneasca 28/1, office 1, Chisinau MD-2012, Republic of Moldova, Europe
Printed at: see last page
ISBN: 978-620-8-09159-0

RECONHECIMENTO

Todos os louvores são devidos a Alá Todo-Poderoso, que criou o universo e que permitiu ao autor realizar este trabalho de investigação e concluir esta tese com êxito.

*Em primeiro lugar, gostaria de exprimir o mais profundo sentimento de gratidão, apreço sincero e sincera dívida para com o seu reverendo Supervisor de Investigação, **Professor Dr. Md. Abul Hashem**, Department of Animal Science, Bangladesh Agricultural University, Mymensingh, pela sua supervisão escolar, orientação incessante, encorajamento constante, sugestão inovadora, supervisão regular e inspiração, assistência incansável, conselhos valiosos e críticas construtivas na realização do trabalho de investigação e na preparação desta tese.*

*O autor considera que é um privilégio orgulhoso reconhecer o seu agradecimento, a sua gratidão ilimitada e os seus melhores cumprimentos ao seu respeitável Co-orientador, **Professor Dr. Mohammad Mujaffar Hossain**, Department of Animal Science, Bangladesh Agricultural University, Mymensingh, pelos seus valiosos conselhos, críticas construtivas e comentários factuais para melhorar o trabalho de investigação.*

O autor agradece a ajuda prestada por todos os professores do Departamento de Ciência Animal da Universidade Agrícola do Bangladesh, em Mymensingh, pela sua amável cooperação, inspiração constante e várias ajudas durante a realização de todo o estudo.

*O autor orgulha-se de expressar os seus profundos agradecimentos ao **Professor Dr. Md. Mukhlesur Rahman**, Departamento de Ciência Animal, Universidade Agrícola do Bangladesh, Mymensingh. Agradece também aos professores e estudantes de diferentes departamentos que fazem parte da sua equipa de avaliação.*

*O autor tem uma dívida imensa para com **Md. Mahbubul Hassan Sohag**, responsável científico das divisões electrónicas do 'Bangladesh Institute of Nuclear Energy (BINA)', pela sua ajuda cordial, assistência incansável durante a realização da dose de irradiação e por algumas sugestões inovadoras sobre a irradiação.*

O autor gostaria de expressar o seu profundo agradecimento às autoridades do Ministério da Ciência, Tecnologia da Informação e Comunicação da República Popular do Bangladesh pela atribuição da "National Science and Technology (NST) Fellowship 20162017".

O autor expressa o seu cordial agradecimento a todo o pessoal do Departamento de Ciência Animal da Universidade Agrícola do Bangladesh, Mymensingh, pela sua assistência durante o trabalho de investigação.

*Agradecimentos cordiais a **Farhana Jasmin Rima e Azharaul Islam** pelas suas bênçãos, sacrifícios, inspiração e cooperação para completar os estudos superiores do autor durante o período de trabalho de tese do autor na Universidade Agrícola do Bangladesh, Mymensingh.*

*Os meus sinceros agradecimentos também ao meu querido pai **Md. Lokman Hakim, a minha mãe Mst. Anowara Begum, à minha irmã mais nova Mahabuba Parvin Labony** e à pessoa que me ama, por todo o amor e apoio que me deram para construir a minha carreira académica superior, sacrificando-se muito e rezando sempre pelo meu bem-estar.*
Autor
maio de 2017

EFEITO DA IRRADIAÇÃO GAMA NO PRAZO DE VALIDADE E NA QUALIDADE DA CARNE DE BOVINO

MD. AKRAMUL HAQUE

RESUMO

A experiência foi realizada para descobrir o efeito da irradiação gama na carne de bovino fresca. Para o efeito, as amostras de carne de bovino foram divididas em quatro grupos de tratamento. Foram tratadas como controlo (T_1), 2,0 KGy (T_2), 4,0 KGy (T_3), 6,0 KGy (T_4). Foram efectuadas análises proximais (MS, PC, EE, cinzas), testes sensoriais (cor, sabor, tenrura, suculência, aceitabilidade global), testes físico-químicos e bioquímicos (perda por cozedura, valor de pH, FFA, TBARs, PV) e testes microbianos (TVC, TCC, TYMC) para avaliar o efeito da irradiação no prazo de validade e na qualidade da carne de bovino mantida em sacos herméticos fechados com zi p e armazenada a 20°C durante 60 dias. Os atributos sensoriais, a qualidade proximal, a qualidade físico-química, a qualidade bioquímica e a avaliação microbiana foram determinados nos dias 0, 30 e 60, respetivamente. A irradiação gama aumentou significativamente a cor da carne de vaca ($p<0,05$). A irradiação gama aumentou significativamente o teor de MS, EE e diminuiu o teor de cinzas da carne de vaca ($p<0,05$). Não foram observadas diferenças significativas na proteína bruta (PB) da carne de vaca irradiada e não irradiada. A dose de irradiação e o tempo de armazenamento aumentaram significativamente os TBARS, o PV, a perda por cozedura, os AGL e diminuíram o pH bruto da carne de vaca ($p<0,05$). A análise microbiana (TVC, TCC, TYMC) indicou que a irradiação gama teve efeitos significativos ($p<0,05$) na redução das populações de microrganismos. Considerando as caraterísticas proximais, sensoriais, físico-químicas, bioquímicas e microbianas, pode concluir-se que o nível de irradiação de 2,0, 4,0 e 6,0 KGy pode diminuir significativamente os microrganismos e aumentar o prazo de validade da carne de bovino para manter a qualidade nutricional da carne durante todo o período de armazenamento, em comparação com a amostra de carne de bovino não irradiada. Entre os tratamentos, a dose de irradiação mais elevada (6,0 KGy) apresentou os melhores resultados em termos de aceitabilidade global, de controlo dos microrganismos e de prolongamento do prazo de validade da carne de bovino.

Palavras-chave: Irradiação gama, KGy, Carne de bovino, Qualidade, Segurança.

ÍNDICE DE CONTEÚDOS

Lista de abreviaturas

a.m	Anti-meridian
ANOVA	Analysis of variances
AOAC	Association of official analytical chemist
BAU	Bangladesh Agricultural University
BBS	Bangladesh Bureau of Statistics
BHT	Butalated Hydroxyl Tolune
CFU	Colony Forming Unit
Co-60	Cobalt 60 isotope
CP	Crude Protein
CRD	Completely randomized design
DM	Dry Matter
DMRT	Duncan's new multiple range test
DW	Distilled Water
EB	Electron beam
EE	Ether Extract
e.g	For example
et al.	Associates
FAO	Food and Agricultural Organization
FFA	Free Fatty Acids
Hrs	Hours
i.e	That is
ISO	International organization for standardization
Kg	Kilogram
KGy	Kilo Gray
LAB	Lactic Acid Bacteria
meq	
mg	

MDA	Milliequivallent
MA	Milligram
MAP	MalonadialDehyde
M.S.	MacConkey agar
MUFA	Modified atmosphere packaging
NL	Master of Science
ORP	Monounsaturated fatty acid
PDA	neutral lipid
PCA	Oxidation-reduction potential
PUFA	Potato dextrose agar
PL	Plate count agar
POV	Total polyunsaturated fatty acid
SAS	polar lipid
SE	Per oxide value
SFA	Statistical Discovery Software
T_1	Standard Error
T_2	Total saturated fatty acid
T_3	Controlled group
T_4	2 KGy Irradiation Treatment
TBA	4 KGy Irradiation Treatment
TBARS	6 KGy Irradiation Treatment
TVC	Thiobarbituric acid
TCC	Thiobarbituric acid reactive substances
TL	Total Viable Count
TYMC	Total Coliform Count
TBHQ	Total lipid
WHC	Total Yeast Mould Count
VBN	Tertiary Butyl Hydroquinone
VTEC	Water Holding Capacity
	Volatile basics nitrogen
	Verotoxigenic Escherichia coli

CAPÍTULO I

INTRODUÇÃO

A carne é uma importante fonte de proteínas em todo o mundo, especialmente nos países em desenvolvimento (Biswas et al., 2007). A carne fresca é também um produto altamente perecível devido à sua composição biológica (Zhou et al., 2010). É a fonte de proteína animal de primeira escolha para muitas pessoas em todo o mundo. A população pecuária no Bangladesh é muito superior à média de muitos países do mundo, pois a sua população pecuária atual é de 543,57 lakhs. Entre eles, a população bovina é superior a 237,85 lakhs e a produção anual de carne no Bangladesh é agora superior a 61,25 lakhs toneladas (Bangladesh Economic Review, 2016). O gado é abatido para obtenção de carne durante todo o ano no Bangladeche. Estima-se que cerca de 3,5 milhões de bovinos são abatidos anualmente no país, dos quais 40% são importados através do comércio ilegal transfronteiriço (Anon, 2007; Ghosh, 2014; Rweyemamu et al., 2008; Khatun et al., 2014; Mondal et al., 2014). O manuseamento geral dos animais era desnecessariamente rude e as normas da OIE não eram aplicadas (Murshidul et al., 2014) e o abate de gado era inteiramente efectuado no chão, em muitos casos seguido da divisão da carcaça, do corte e da desossa na mesma área contaminada do chão. Mas o facto de o corte e a desossagem serem feitos aí também multiplica a carga bacteriana introduzida na carne. As superfícies de carne recém-criadas (a partir do corte e da desossagem) tornam-se maciçamente contaminadas; devido à fase de atraso microbiano, a deterioração rápida não ocorrerá normalmente nas primeiras horas. Qualquer armazenamento prolongado à temperatura ambiente irá aumentar a deterioração rápida. Além disso, existe também o elevado risco de contaminação com microrganismos responsáveis por intoxicações alimentares, como a Salmonella e a E. coli enterohemorrágica (EHEC), que deve ser levado muito a sério. As infecções humanas por EHEC podem ocorrer com números relativamente baixos de bactérias do tipo relevante de E. coli.

É uma parte importante da dieta humana com fortes implicações na saúde, na economia e na cultura a nível mundial. A produção de carne envolve numerosas espécies domésticas, dependendo de muitos factores, como crenças religiosas e culturais, conveniência, disponibilidade e assim por diante (Paredi et al., 2013).

Está bem estabelecido que a carne tem vários factores nutricionais essenciais, como lípidos, proteínas com elevado valor biológico, oligoelementos e vitaminas (Zhang et al., 2010; Wyness et al., 2013). As caraterísticas intrínsecas da qualidade da carne, como a cor, o sabor, a tenrura, a textura, a suculência e a aceitabilidade geral, bem como as suas propriedades nutricionais, dependem da genética animal, da alimentação e das práticas pecuárias e dos processos post mortem que ocorrem durante a conversão do músculo em carne (Hocquette et al., 2010).

Atualmente, foram desenvolvidas muitas técnicas de conservação, entre as quais a irradiação é um dos métodos mais seguros para manter a qualidade e a segurança da carne e dos produtos à base de carne. Por conseguinte, os cientistas da carne esforçaram-se por desenvolver novas tecnologias que podem ser utilizadas não só para garantir a segurança, mas também para melhorar a qualidade da carne (Artes et al., 2007).

A irradiação tem várias aplicações na indústria alimentar para melhorar a segurança, o prazo de validade e a qualidade dos alimentos em comparação com os alimentos processados pelo calor e para manter o valor nutricional. A vantagem das doses de irradiação em diferentes níveis para controlar os microrganismos e melhorar o prazo de validade de diferentes tipos de carne vermelha, como a carne fresca (Chen et al., 2007). A irradiação é reconhecida como uma técnica de processamento de alimentos eficaz e amplamente aplicável. Atualmente, vários países autorizaram a irradiação de alimentos e mais de meio milhão de toneladas de alimentos são irradiadas anualmente (Eustice e Bruhn, 2013).

A irradiação, como método de conservação da carne, é a tecnologia mais eficaz na eliminação de microrganismos patogénicos sem comprometer as propriedades nutricionais e a qualidade sensorial dos alimentos (OMS, 1999). A salubridade dos alimentos irradiados foi autorizada por organizações internacionais especializadas, como a Organização Mundial de Saúde (OMS), a Organização para a Alimentação e a Agricultura (FAO), a Agência Internacional de Energia Atómica (AIEA) e a Food and Drug Administration (FDA) dos EUA (Sohn et al., 2009). Na Coreia, 20 produtos alimentares estão aprovados para serem tratados por irradiação até 10 kGy com o objetivo de inibir a germinação, destruir insectos e parasitas de origem alimentar, atrasar o amadurecimento fisiológico, prolongar o prazo de validade ou melhorar as qualidades dos alimentos. A irradiação de alimentos causa um pequeno aumento da temperatura do produto e pode ser utilizada num processo contínuo após a embalagem (MFDS, 2015).

Além disso, as pessoas estão muito confusas ao distinguir os alimentos irradiados dos alimentos radioactivos. Em nenhum momento durante o processo de irradiação os alimentos entram em contacto com a fonte de radiação e não é possível induzir radioatividade nos alimentos utilizando raios gama ou feixes de electrões até 10 MeV (Farkas, 2004).

Se a segurança e os benefícios da irradiação dos alimentos fossem corretamente explicados, os consumidores estavam dispostos a aceitar os alimentos irradiados. Tendo em conta o seu papel potencial na redução das perdas pós-colheita, proporcionando um abastecimento seguro de alimentos e ultrapassando as barreiras de quarentena, a irradiação dos alimentos recebeu aprovações governamentais mais alargadas durante a última década. Verifica-se também uma tendência para o aumento da comercialização de alimentos irradiados. Atualmente, existem 47 instalações de irradiação em cerca de 23 países que estão a ser utilizadas para o tratamento de alimentos para fins comerciais (Loaharanu e Mainuddin, 1991). Ainda não foi efectuada qualquer investigação sobre a irradiação da carne de bovino no Bangladesh.

Por conseguinte, tendo em conta a discussão acima referida, a investigação proposta foi levada a cabo para cumprir os seguintes objectivos

> Determinar o efeito da irradiação gama nas qualidades sensoriais, proximais,

bioquímicas e microbianas da carne de bovino.

> Determinar o nível seguro de dosagem de irradiação em carnes para aumentar o prazo de validade e a qualidade da carne de bovino.

CAPÍTULO II

REVISÃO DA LITERATURA

2.1 Irradiação

A radiação pode ser definida como energia sob a forma de ondas electromagnéticas ou como partículas subatómicas capazes de se deslocar no espaço com diferentes comprimentos de onda e diferentes graus de potência. Existem dois tipos de radiação: não ionizante e ionizante. A luz, o calor infravermelho e as micro-ondas são formas de radiação não ionizante (CFIA, 2016).

Ehlermann e Dieter (2016) referem que, imediatamente após a descoberta da radiação ionizante, surgiram especulações sobre a sua utilização para tratamentos terapêuticos e também para a conservação de alimentos. No entanto, nessa altura, não existiam fontes de radiação adequadas para essas aplicações. Com o desenvolvimento das tecnologias nucleares (militares), as fontes de radiação adequadas tornaram-se cada vez mais disponíveis. Este artigo relata as muitas ideias iniciais desenvolvidas e as abordagens adoptadas. No entanto, ao nível da exploração industrial do processamento de alimentos por radiação, várias destas grandes ideias não conseguiram sobreviver; algumas ainda hoje desempenham um papel de nicho, tal como descrito nos respectivos artigos. No entanto, e atualmente, o processamento de alimentos por radiação tornou-se uma tecnologia padrão em todo o mundo.

A irradiação de alimentos é o processo de exposição de produtos alimentares a quantidades controladas de irradiação. Esta é capaz de inibir o funcionamento das células vitais dos microrganismos, destruindo o ADN, o ARN e outras macromoléculas que são essenciais para a sua sobrevivência. Os três tipos diferentes de radiação atualmente permitidos na indústria alimentar são os raios gama, os raios X e os feixes de electrões (USEPA, 2012; OMS, 2012) e podem atuar em sinergia para reduzir a um nível indetetável as bactérias patogénicas e aumentar o prazo de validade do lombo de carne pronto a cozinhar sem afetar a sua qualidade sensorial e nutricional (Yosra et al., 2016). O tipo de radiação utilizado no processamento de materiais está limitado a radiações de raios gama de alta energia, raios X e electrões acelerados. A sua energia é suficientemente elevada para deslocar os electrões dos átomos e das moléculas e para os converter em partículas eletricamente carregadas chamadas iões (Cleland et al., 2006). A irradiação tem efeitos sinergéticos com todas as formas de microrganismos e destruição de todos os micróbios patogénicos e parasitas presentes na carne (Tanzina et al., 2015). É também chamada pasteurização a frio (FSAI, 2005).

A irradiação de alimentos é permitida por mais de 60 países, com cerca de 500.000 toneladas métricas de alimentos processados anualmente em todo o mundo (Eurofins Scientific, 2015).

A irradiação ajuda a garantir um abastecimento alimentar mais seguro e abundante, prolongando a vida útil e inactivando pragas e agentes patogénicos. Desde que os requisitos de boas práticas de fabrico sejam implementados, a irradiação alimentar é segura e eficaz na produção de produtos alimentares.

Os possíveis riscos resultantes do desrespeito das boas práticas de fabrico não são basicamente diferentes dos resultantes de abusos de outros métodos de processamento, como o enlatamento, a congelação e a pasteurização (OMS, 1999).

Kalyani e Manjula (2014) fizeram uma revisão da literatura segundo a qual a tecnologia de irradiação de alimentos está a ganhar cada vez mais atenção em todo o mundo. Em comparação com o tratamento térmico ou químico, a irradiação é uma tecnologia mais eficaz e adequada para destruir os agentes patogénicos de origem alimentar. A técnica de irradiação torna os alimentos mais seguros para consumo através da destruição das bactérias, o que é muito semelhante ao processo de pasteurização. A radiação não deixa os alimentos radioactivos por duas razões. Em primeiro lugar, os raios gama do cobalto-60 utilizados na radiação dos alimentos não são suficientemente energéticos para os tornar radioactivos. Em segundo lugar, como os alimentos nunca entram em contacto direto com a fonte, não é possível que os alimentos fiquem contaminados com material radioativo. No cenário de mudança do comércio mundial, a mudança para o processamento de alimentos por radiação assume grande importância. A radiação passará rapidamente para o estatuto de "tecnologia maravilhosa" para satisfazer as exigências sanitárias e fitossanitárias dos países importadores. Uma vez irradiados, os alimentos podem ser susceptíveis de recontaminação se não forem adequadamente embalados, pelo que, se o tratamento por radiação se destina a controlar a deterioração microbiológica ou a infestação por insectos, a pré-embalagem torna-se parte integrante do processo.

A irradiação pode ter um efeito direto, causado por radicais reactivos centrados no oxigénio (.OH) provenientes da radiólise da água, ou indireto nos organismos e produtos alimentares. Um efeito indireto (o dano aos ácidos nucleicos) ocorre quando a radiação ioniza uma molécula vizinha, que por sua vez reage com o material genético. Uma vez que a água é um componente importante da maioria dos alimentos e micróbios, acaba frequentemente por produzir um produto letal (Hallman, 2001). A dose óptima é um equilíbrio entre o que é necessário e o que pode ser tolerado pelos produtos (EFSA, 2011).

Comparação entre os raios gama, os raios X e os raios catódicos. Os raios gama, os raios X e os feixes de electrões são igualmente eficazes na esterilização para quantidades iguais de energia absorvida. Atualmente, a maior desvantagem da utilização de raios X na conservação de alimentos é a baixa eficiência e o consequente custo elevado da sua produção. Por esta razão, a maior parte da investigação tem-se concentrado na utilização de fotões gama e feixes de electrões. Os raios gama têm uma eficiência máxima de utilização de 10 a 25%, enquanto a eficiência máxima dos electrões dos geradores de feixes de electrões varia entre 40 e 80%, dependendo da forma do material irradiado (Jones, 1992).

2.2 História e desenvolvimento da irradiação

É difícil distinguir claramente a história e o desenvolvimento da irradiação dos alimentos em diferentes períodos, uma vez que o processo inclui vários ramos das disciplinas científicas, incluindo a química das radiações, a física, a ciência e engenharia alimentar, a microbiologia, a nutrição, a economia e a sociologia. A história e o desenvolvimento da irradiação dos alimentos são resumidos a seguir.

Roentgen W.C. descobriu os raios X em 1895, seguido da descoberta da radioatividade do urânio por Becquerel (Diehl, 2001). Em 1905, foi concedida uma patente britânica a J. Appleby e A. J. Banks pela sua invenção de melhorar o estado dos alimentos, especialmente dos cereais, com raios alfa, beta ou gama provenientes do rádio ou de outras substâncias radioactivas. Em 1918, foi concedida uma patente americana a Gillett para um aparelho destinado a preservar materiais orgânicos através da utilização de raios X. Mais tarde, Schwartz obteve uma patente americana sobre a utilização de raios X na carne para matar *a Trichinella spiralis*. Durante a década de 1930, foi concedida outra patente a O. Wust para a utilização de raios X na conservação de alimentos, matando bactérias (Diehl, 2001). No entanto, nenhuma destas propostas era viável na prática devido à falta de fontes potentes de irradiação para serem utilizadas a nível comercial nos alimentos. Em 1947, o acelerador de electrões pulsados foi inventado por Brash e W. Huber, que relataram uma forma de esterilizar a carne e alguns alimentos utilizando impulsos de electrões de alta energia e que os efeitos indesejáveis da radiação podiam ser evitados irradiando os alimentos na ausência de oxigénio a baixa temperatura.

Os alicerces para a continuação da investigação sobre a irradiação dos alimentos foram lançados por B.E. Proctor e S.A. Goldblith do Instituto de Tecnologia de Massachusetts, Departamento de Tecnologia Alimentar, quando analisaram os estudos anteriores sobre a irradiação dos alimentos em 1951 (Diehl, 2001). Durante o período de 1950 a 1970, a investigação centrou-se principalmente na procura de condições óptimas para a irradiação de alimentos. Em 1950, a U.S. Atomic Energy Commission (USAEC) iniciou um programa de investigação coordenado para preservar os alimentos através da utilização de radiação ionizante. De 1953 a 1960, foram consideradas para investigação aplicações de baixas doses e de altas doses. Mas, mais tarde, concentrou-se mais na aplicação de doses elevadas. Mais tarde, vários outros países envolveram-se na investigação relacionada com a irradiação de alimentos e, no final da década de 1950, estavam a ser realizados programas nacionais de investigação em países como a Holanda, a Polónia, a União Soviética e a Alemanha. A primeira utilização comercial da irradiação de alimentos ocorreu em 1957, quando foram utilizados electrões para irradiar especiarias na Alemanha (Diehl, 2002). Mais tarde, porém, a utilização da irradiação foi interrompida devido a uma nova lei alimentar que impedia o tratamento de alimentos com radiações ionizantes. Em 1960, no Canadá, foi autorizada a utilização da irradiação nas batatas para evitar a germinação, pelo que a Newfield Products Ltd. começou a irradiar batatas em grande escala (Diehl, 2001). Mais tarde, esta empresa encerrou as suas actividades devido a problemas financeiros. Ainda assim, o interesse pela ciência da irradiação alimentar aumentou e, em 1966, realizou-se o primeiro Simpósio Internacional sobre Irradiação Alimentar em Karlsruhe, na Alemanha, onde representantes de 28 países analisaram os progressos efectuados nos programas de investigação (Diehl, 2001). Durante esse período, apenas três países, os EUA, o Canadá e a União Soviética, autorizaram cinco tipos de géneros alimentícios irradiados para consumo humano.

Em 1970, o Projeto Internacional no domínio da Irradiação de Alimentos (IFIP) foi iniciado a nível mundial com o objetivo de realizar investigação sobre a segurança sanitária dos alimentos irradiados. Incluía estudos de alimentação animal a longo prazo, testes de rastreio a curto prazo e o estudo das alterações químicas nos alimentos irradiados. Este projeto internacional e os diferentes programas nacionais foram revistos conjuntamente pelo comité de peritos da Organização das Nações Unidas para a Alimentação e a Agricultura (FAO)/Agência Internacional de Energia Atómica (AIEA)/Organização Mundial de Saúde (OMS), tendo o grupo concluído que qualquer produto alimentar com uma dose média de 10 kGy não apresenta qualquer perigo toxicológico nem problemas nutricionais ou microbiológicos específicos (Diehl, 2001). Este foi um grande sucesso na utilização da irradiação nos alimentos. Após o êxito da IFIP, o programa foi encerrado, mas como a IFIP tinha proporcionado uma plataforma de intercâmbio de informações sobre a irradiação dos alimentos, a necessidade de tais plataformas levou à criação do Grupo Consultivo Internacional sobre Irradiação dos Alimentos (ICGFI) em 1984.

O ICGFI determinou o progresso na área da irradiação de alimentos a nível mundial; forneceu publicações sobre a eficácia da irradiação de alimentos, a segurança destes processos, a comercialização do processo, o aspeto legislativo e o controlo das instalações de irradiação. O ICGFI organizou formação para operadores, gestores de instalações, inspectores alimentares, supervisores técnicos e funcionários de controlo. O Codex Alimentarius foi adotado em 1983 como norma geral para os alimentos irradiados e recomendou o Código Internacional de Práticas para o funcionamento das instalações de irradiação (Diehl, 2001). Em 1985, foram publicados regulamentos canadianos e americanos sobre irradiação de alimentos e a FDA aprovou a irradiação de carne de porco para controlo da *Trichinella spiralis* (Molins, 2001). A utilização da irradiação para retardar a maturação, inibir o crescimento e desinfetar alimentos, incluindo legumes e especiarias, foi aprovada pela FDA em 1986 (Molins, 2001). Mais tarde, outro grupo de peritos foi nomeado pela OMS para reavaliar os resultados dos estudos científicos efectuados após 1980, juntamente com os estudos anteriores (OMS, 1994). Este grupo de peritos concluiu que a irradiaçªo dos alimentos Ø uma tecnologia alimentar amplamente testada. Até à data, os estudos de segurança não revelaram efeitos deletérios. Algumas outras datas importantes relativas à irradiação dos alimentos são apresentadas no quadro 2.1

Quadro 2.1 Datas importantes na história da irradiação dos alimentos (Adaptado de Mollins, 2001)

1895-96	Roentgen discovered X-rays. Becquerel discovered radioactivity.
1905	Patent granted to improve condition of food with irradiation.
1921	US patent for irradiation of pork for trichina.
1930	French patent for X-ray preservation of foods.
1943	Army sponsored feasibility study at MIT.
1958	The U.S. Food Additive Amendment to the Food Advisory Committee. Act classified food irradiation as an "additive."
1963-64	The U.S. Food and Drug Administration (FDA) approved irradiation of bacon, wheat, flour, and potatoes.
1978-90	The International Facility for Food Irradiation Technology (IFFIT) was founded under the sponsorship of FAO, IAEA, and The Netherlands; this group trained hundreds of scientists from developing countries in food irradiation and contributed in developing different applications of radiation process for foods.
1990	FDA approved the use of irradiation in poultry to control Salmonella.
1992	WHO appointed an Expert committee to reevaluate the safety of irradiated foods on the request of Australia. The committee again concluded that irradiated foods are safe.
1997	FAO/IAEA/WHO study group formed to study high dose irradiation of foods. They declared that foods irradiated at any dose are safe, and there is no need to specify upper limit for irradiation in foods. FDA observed bacterial pathogenic reduction in meat by 4.5 kGy for fresh meat and 7 kGy for frozen meat.
1997	FDA approved the use of irradiation in red meat to inactivate pathogenic bacteria.

| 1998 | European Union approved irradiation of spices, condiments, and herbs. |
| 2000 | FDA approved irradiation for control of Salmonella in shell eggs and seed decontamination for sprouting. |

2.3 Efeitos da irradiação na qualidade sensorial e física da carne de bovino

Yim et al. (2016) estudaram uma experiência em que, com o aumento da temperatura e do tempo de envelhecimento, os valores da força de cisalhamento diminuíram. A cor da carne de bovino irradiada foi inferior à da não irradiada durante todo o período de envelhecimento. Com o aumento do tempo e da temperatura de envelhecimento, as quantidades de monofosfato de inosina diminuíram e a hipoxantina aumentou. Poderia ser utilizada uma temperatura de envelhecimento relativamente elevada na carne de vaca redonda irradiada para encurtar o tempo de envelhecimento.

Kanatt et al. (2015) realizaram uma experiência que investigou o efeito do processamento por radiação na tenrura de três tipos de carne popularmente consumidos na Índia, nomeadamente frango, borrego e búfalo. Nas amostras de carne irradiadas, observou-se uma redução dependente da dose na capacidade de cozedura, no rendimento da cozedura e na força de cisalhamento. A redução da força de cisalhamento após o processamento por radiação foi mais pronunciada na carne de búfalo. A solubilidade das proteínas e do colagénio, bem como o teor de proteínas solúveis em TCA, aumentaram com a irradiação. O tratamento por radiação das amostras de carne provocou algumas alterações na cor da carne. Os resultados sugerem que a irradiação leva a uma amaciamento da carne dependente da dose. O tratamento da carne por radiação a uma dose de 2,5 kGy melhorou a sua textura e tinha um odor aceitável.

Hoa et al. (2014) estudaram e demonstraram os efeitos de diferentes tipos de músculo e períodos de envelhecimento refrigerado na composição química, parâmetros de qualidade da carne, caraterísticas sensoriais e compostos voláteis da raça bovina nativa de Karean. Os valores de humidade, perda por cozedura, colagénio total e força de cisalhamento Warner-Bratzler (WBSF) para o ST foram superiores aos do músculo LD, independentemente do período de envelhecimento. Neste estudo, o músculo LD tinha mais gordura intramuscular (IMF). O envelhecimento durante 28 dias diminuiu os valores de WBSF e aumentou o ácido tiobarbitúrico de ambos os músculos. Além disso, as pontuações relativas à maciez, à suculência e ao sabor foram significativamente mais elevadas no músculo LD em ambos os períodos de envelhecimento. O aumento do tempo de envelhecimento melhorou a tenrura de ambos os músculos e aumentou a suculência do músculo LD, ao passo que a pontuação relativa ao sabor do músculo ST diminuiu. A maioria dos compostos voláteis formados a partir da oxidação dos lípidos

revelaram diferenças entre os dois músculos. O envelhecimento durante 28 dias aumentou as quantidades de muitos compostos voláteis; no entanto, as quantidades de alguns compostos voláteis importantes diminuíram. Nestas experiências, os resultados demonstram claramente que o tipo de músculo e o envelhecimento têm um efeito potencial na qualidade da carne, nas caraterísticas sensoriais e no perfil volátil.

Batista (2014) realizou uma experiência sobre o efeito da irradiação de altas doses na composição proximal da carne. Ele desenhou a sua experiência em três tratamentos e os tratamentos foram designados como A (amostras irradiadas armazenadas à temperatura ambiente), B (amostras irradiadas armazenadas a -25°C) e C (amostras não irradiadas armazenadas a -25°C). A composição proximal, o pH, a substância reactiva do ácido 2-tiobarbitúrico (TBARS) e as bactérias heterotróficas aeróbias mesófilas foram analisadas durante 430 dias de armazenamento. A radiação gama provocou ligeiras alterações no teor de humidade e de gordura, independentemente da temperatura de armazenamento. Os métodos de conservação utilizados foram eficazes na manutenção da percentagem de humidade, do teor de proteínas e de gordura durante todo o período de armazenamento.

Kundu et al. (2013) os objectivos deste estudo foram determinar os efeitos de uma dose baixa (≤ 1 kGy), feixe de electrões de baixa penetração sobre as qualidades sensoriais de (1) pedaços de músculo cru de carne de bovino e (2) rissóis de carne moída cozida. Foram utilizados pedaços de músculo exterior plano, interior redondo, peito e lombo como modelos para demonstrar o efeito da irradiação no odor e na cor da carne de vaca crua, conforme avaliado por um painel treinado. Com peças de músculo inteiras, a cor dos controlos parecia mais vermelha do que a dos músculos irradiados; no entanto, nesta experiência, tanto os controlos como os tratamentos mostraram uma deterioração gradual da cor ao longo de 14 dias de armazenamento aeróbico a 4 °C. A intensidade do "off-aroma" tanto do controlo como dos tratamentos aumentou com o tempo de armazenagem, mas, ao 14.º dia, os músculos tratados apresentavam significativamente menos "off-aroma" do que os controlos, presumivelmente em resultado de uma menor carga microbiana. A irradiação não teve um efeito significativo em nenhum dos atributos sensoriais dos hambúrgueres. A irradiação de baixas doses de aparas de carne de bovino para a formulação de carne de bovino moída parece ser uma abordagem de processamento alternativa viável que não afecta a qualidade do produto.

Al-Bachir et al. (2010) efectuaram uma experiência com kabab de frango que foi tratado com irradiação gama. As amostras tratadas e não tratadas foram mantidas num frigorífico (14 °C). As caraterísticas microbiológicas, químicas e sensoriais da espetada de frango foram avaliadas entre 0 e 5 meses de armazenamento. A irradiação gama diminuiu a carga microbiana e aumentou o prazo de validade da espetada de frango. A irradiação não influenciou os principais constituintes da espetada de frango (humidade, proteínas e gorduras). Não foram observadas diferenças significativas (p>0,05) para a acidez total entre a espetada de frango não irradiada (controlo) e irradiada. Os valores do ácido tiobarbitúrico (TBA) (expressos em mg de malonaldeído (MDA)/kg de kabab de frango) e do azoto básico volátil (VBN) no kabab de frango não foram afectados pela irradiação. A avaliação sensorial não revelou diferenças significativas entre as amostras irradiadas e não irradiadas. Assim, as doses de 4 e 6 kGy foram necessárias para reduzir todos os microrganismos da espetada de frango para níveis indetectáveis e para prolongar o seu prazo de validade. Além disso, os macrocomponentes nutricionais e as caraterísticas sensoriais (sabor, aroma, cor e textura) da espetada de frango não foram influenciados pelo tratamento de irradiação.

Lui et al. (2010) observaram que o painel sensorial treinado classificou a carne congelada como significativamente menos tenra do que a carne refrigerada. Este resultado sensorial foi atribuído à perda de fluido durante a congelação, que resultou em menos água disponível para hidratar as fibras musculares; assim, uma maior quantidade de fibras por área de superfície pareceu aumentar a dureza, tal como percebida pelo painel sensorial. A diminuição da força de cisalhamento foi atribuída à perda de resistência da membrana devido à formação de cristais de gelo, reduzindo assim a força necessária para cisalhar a carne.

Mistura (2009) realizou um experimento para avaliar a influência da irradiação e do processo térmico na concentração de ferro heme (heme-Fe) e nas propriedades de cor da carne bovina brasileira. Foram determinadas as concentrações de ferro total e ferro heme (heme-Fe). A irradiação em doses mais altas alterou significativamente a concentração de heme-Fe. Entretanto, as condições de preparo da amostra interferiram mais no teor de heme-Fe do que a irradiação. Dependendo da espécie animal, os níveis de ferro heme da carne entre 35 e 52% do ferro total são utilizados para cálculos dietéticos. Neste estudo, a percentagem de ferro heme foi, em média, de 70% do ferro total, mostrando que a humidade é um fator importante para a sua preservação.

Ramamoorthi et al. (2009) o objetivo deste estudo foi avaliar a influência da dose de irradiação na cor da carne de bovino embalada em atmosfera modificada por CO durante o armazenamento. Os cubos de carne de vaca foram colocados em recipientes de vidro, com descarga de gás CO/CO2/N2 e depois refrigerados durante 22 dias. Os odores de carne crua, suor e ranço diminuíram durante o armazenamento. As amostras irradiadas a <1,0 kGy eram visualmente mais vermelhas e tinham valores mais elevados do que as irradiadas com doses mais elevadas. A cor verde visual das amostras irradiadas com as doses mais elevadas aumentou durante a armazenagem. O croma de todas as amostras diminuiu ao longo do tempo, indicando que a cor das amostras estava a tornar-se menos intensa. Os ângulos de matiz aumentaram, indicando que estavam a tornar-se menos vermelhos.

Ahn et al. (2004) estudaram que a irradiação diminuía significativamente a vermelhidão da carne de vaca moída e que a cor visível da carne de vaca mudava de um vermelho vivo para um verde/castanho, dependendo da idade da carne. A adição de ácido ascórbico impediu as alterações de cor na carne de vaca irradiada, e o efeito do ácido ascórbico tornou-se maior à medida que a idade da carne ou o tempo de armazenamento após a irradiação aumentavam. A carne de vaca moída adicionada com ácido ascórbico tinha um ORP significativamente mais baixo do que o controlo, e o baixo ORP da carne ajudou a manter os pigmentos heme na forma reduzida. Durante a armazenagem aeróbica, os S-voláteis desapareceram enquanto os aldeídos voláteis aumentaram significativamente na carne de bovino irradiada. A adição de ácido ascórbico a 0,1% ou de sesamol + a-tocoferol a cada nível de 0,01% à carne de vaca moída antes da irradiação foi eficaz na redução da oxidação lipídica e dos S-voláteis. No entanto, à medida que o tempo de armazenamento aumentava, o efeito antioxidante do sesamol + tocoferol na carne de bovino moída irradiada era superior ao do ácido ascórbico.

Brewe (2004) estudou que, devido a alterações no ambiente químico e à entrada de energia, a irradiação altera a cor da carne fresca devido à suscetibilidade da molécula de mioglobina e do ferro presente na carne. O potencial dos electrões do ferro para existirem em vários estados torna o ambiente adjacente ao átomo de ferro particularmente vulnerável à presença de compostos doadores de electrões e a entradas de energia elevadas (irradiação). O estado inicial da mioglobina (Fe O^{++}_2 , Fe^{+++}), a modificação do potencial de oxidação-redução do tecido e a geração de compostos formadores de ligandos (CO) a partir de compostos orgânicos endógenos e da água são reforçados ou suprimidos em função da atmosfera gasosa, da temperatura, do pH e da concentração de mioglobina do sistema. A produção de pigmentos vermelhos estáveis ou de pigmentos castanhos que se tornam vermelhos com o tempo parece dever-se à ligação de espécies reactivas de oxigénio geradas por irradiação ($'O_2^-$) ou de gases (CO) que se tornam ligandos ligados ao ferro em condições redutoras alteradas. A rápida produção de grandes quantidades de metamioglobina quando a irradiação é realizada num ambiente contendo oxigénio parece ser uma aceleração do processo normal pelo qual a mioglobina sofre oxidação. A produção de pigmentos verdes parece dever-se à degradação da integridade da porfirina e/ou à formação de sulfamioglobina. A manutenção da cor ideal da carne durante a irradiação pode ser melhorada através de várias combinações de alimentação do gado com antioxidantes antes do abate, otimização do estado da carne antes da irradiação, adição de antioxidantes, atmosfera de gás (MAP), embalagem e controlo da temperatura.

Heliana et al. (2003) realizaram um experimento com carne de frango desossada mecanicamente (MDCM) foram irradiadas na forma congelada com doses de 0,0, 3,0 e 4,0 kGy, armazenadas a 2±1 °C e avaliadas quanto às suas caraterísticas sensoriais, cor, substâncias reativas ao ácido tiobarbitúrico (TBARS) e contagem total de bactérias psicrotróficas por até 12 dias. A análise sensorial mostrou que os compostos voláteis associados ao odor produzido pela irradiação foram dissipados das amostras de MDCM irradiadas durante o armazenamento e que o odor de oxidação percebido nas amostras irradiadas com doses de 3,0 e 4,0 kGy foi mais pronunciado (P<0,05) do que nas amostras não irradiadas, a partir do 8º e 12º dia de refrigeração, respetivamente, em concordância com os valores de TBARS. O MDCM irradiado apresentou valores mais elevados (P<0,05) para a* (vermelhidão) do que as amostras não irradiadas a partir do 4º dia sob refrigeração. Considerando as análises sensoriais, a cor, a contagem de bactérias psicrotróficas e as análises de TBARS como um todo, as amostras de MDCM irradiadas com doses de 0,0, 3,0 e 4,0 kGy foram aceitáveis sob armazenamento refrigerado durante 4, 10 e 6 dias, respetivamente

2.4 Efeito da irradiação na qualidade físico-química e nutricional da carne de bovino

Wafaa et al. (2016) O objetivo deste estudo foi avaliar o efeito da radiação y e do arrefecimento na qualidade higiénica da carne de bovino fresca, no teor de ácidos gordos e na sobrevivência de Escherichia coli como microrganismos de intoxicação alimentar. A radiação y causou um ligeiro efeito significativo na análise química após a irradiação; não houve alterações significativas nos valores de pH, mas aumentou ligeiramente a quantidade de azoto básico volátil total (VBN), substâncias reactivas ao ácido tiobarbitúrico (TBA) e valor de peróxido. Os ácidos gordos das amostras refrigeradas irradiadas foram ligeiramente afectados em comparação com as amostras de controlo; as amostras irradiadas tinham um teor mais elevado de ácidos gordos saturados (C16:0, C18:0) e um teor mais baixo de ácidos gordos insaturados (C18:1, C18:2) do que a amostra não irradiada. Recomendamos a exposição da carne a 3 kGy de radiação y para prolongar o seu tempo de refrigeração de forma higiénica.

Al-Bachir et al. (2013) O presente estudo foi realizado para avaliar os efeitos da irradiação gama (0, 2, 4 e 6 kGy) nos valores microbianos, químicos e sensoriais da carne de cabra síria Jabaly durante a armazenagem a 4 °C durante 1, 3, 4 e 5 semanas. A irradiação foi eficaz na redução da carga microbiana e no aumento do prazo de validade da carne de cabra. As doses de radiação necessárias para reduzir os microrganismos em 90 por cento (D10) na carne de cabra foram de 294 e 400 ácidos oleico, esteárico e palmítico. Não foram observadas diferenças significativas na humidade, proteína bruta, gordura bruta, cinzas, valor de pH, ácidos gordos, acidez total, azoto básico volátil e propriedades sensoriais (textura, aroma e sabor) da carne de cabra irradiada e não irradiada. A peroxidação lipídica medida em termos de substâncias reactivas ao ácido tiobarbitúrico (TBARS) aumentou com a irradiação e a armazenagem refrigerada. A avaliação sensorial não revelou diferenças significativas entre a carne de caprino irradiada e não irradiada.

Umit (2013) realizou uma experiência em que as amostras de almôndegas foram irradiadas utilizando uma fonte de irradiação[60] Co (com a dose de 1, 3, 5 e 7 kGy) e armazenadas (1, 2 e 3 semanas a 4°C) para avaliar algumas propriedades físico-químicas e a composição de ácidos gordos. Os resultados físico-químicos não revelaram diferenças significativas no teor de humidade, proteína, gordura e cinzas das almôndegas devido à irradiação. No entanto, os valores da acidez total, do peróxido e do ácido tiobarbitúrico (TBA) aumentaram significativamente em função das doses de irradiação e do período de armazenamento. O perfil de ácidos gordos das amostras de almôndegas alterou-se com a irradiação. Enquanto os ácidos gordos saturados (C16:0, C17:0, C18:0 e C20:0) aumentaram com a irradiação, os ácidos gordos monoinsaturados (C14:1, C15:1, C18:1 e C20:1) e polinsaturados (C18:2, C18:3 e C22:2) diminuíram com a irradiação. Os ácidos gordos trans (C16:1trans, C18:1trans, C18:2trans, C18:3trans) aumentaram com o aumento das doses de irradiação. As amostras de almôndegas irradiadas a 7 kGy apresentaram o teor total de ácidos gordos trans mais elevado. Esta investigação mostra que algumas propriedades físico-químicas e a composição em ácidos gordos das almôndegas podem ser alteradas pela irradiação gama.

Kim et al. (2012) Foi avaliado o efeito da irradiação gama (0,5, 1, 2 e 4kGy) na qualidade de salsichas fermentadas secas embaladas a vácuo durante o armazenamento refrigerado. No dia 0 de irradiação, os valores de pH, vermelhidão (CIE an), amarelecimento (CIE bn), substâncias reactivas ao ácido 2-tiobarbitúrico (TBARS) e azoto básico volátil (VBN) das amostras irradiadas a 2 e 4 kGy foram mais elevados (po0,05), mas os valores CIE Ln (luminosidade) foram inferiores aos do controlo não irradiado (po0,05). A uma irradiação inferior a 1 kGy, contudo, o pH, o CIE Ln, o CIE a* e o valor CIE b* das amostras não foram significativamente influenciados pela irradiação. Os valores CIE a* e CIE b* das amostras irradiadas a 2 e 4 kGy diminuíram com o aumento do tempo de armazenamento. Os valores de VBN, TBARS e CIE L* das amostras irradiadas a 4kGy não sofreram alterações significativas durante o armazenamento refrigerado durante 90 dias (p40,05). As contagens totais em placa (TPC) e as bactérias do ácido lático (LAB) nas amostras irradiadas a 4kGy foram significativamente inferiores (po0,01) às das amostras com doses de irradiação inferiores. No final da armazenagem, a TPC, os coliformes e as BAL nas amostras não aumentaram após a irradiação a 1, 0,5 e 1kGy, respetivamente. A TPC e a LAB não foram detectadas nas amostras irradiadas a 4 kGy no dia 90. Além disso, não foram encontradas bactérias coliformes nas amostras irradiadas a 1 kGy durante o armazenamento refrigerado. A avaliação sensorial indicou que o sabor a ranço das amostras irradiadas a 4 kGy era significativamente mais elevado, mas o aroma e os núcleos gustativos eram inferiores aos do controlo no terceiro dia de armazenamento. A irradiação de salsichas fermentadas secas a 2kGy foi a melhor condição para prolongar o prazo de validade e diminuir o sabor a ranço sem deterioração significativa da qualidade.

Cheng et al. (2011) O objetivo deste estudo foi determinar o efeito da irradiação gama nas doses (0, 2, 4, 6, 8 e 10 kGy) e no tempo de armazenamento (0-30 dias) na oxidação lipídica da carne de porco refrigerada. Verificou-se que esta irradiação em doses induziu alterações na oxidação lipídica da carne de porco refrigerada imediatamente após a irradiação e afectou os valores do índice de peróxidos (POV) e da substância reactiva do ácido tiobarbitúrico (TBARS) durante a armazenagem refrigerada. No entanto, a irradiação gama pode retardar o crescimento microbiano na carne de porco, levando ao retardamento da deterioração e da putrefação. O prazo de validade da carne de mármore de suínos de raças terrestres pode ser prolongado por irradiação a 2-10 kGy em combinação com a armazenagem refrigerada. Além disso, o polifenol antioxidante do chá (TP) pode diminuir a oxidação lipídica da carne de porco refrigerada após a irradiação, prolongar a vida útil e melhorar a segurança da carne de porco refrigerada. Por conseguinte, a irradiação em combinação com a adição de antioxidantes pode ser utilizada na indústria da carne de porco para produzir um produto de primeira qualidade com um prazo de validade prolongado.

Fallah et al. (2010) Os resultados mostraram que a irradiação não teve efeitos significativos (P > 0,05) na composição proximal, no azoto volátil total (TVN) e na perda por cozedura, mas aumentou significativamente (P < 0,05) a oxidação lipídica em termos de substâncias reactivas ao ácido tiobarbitúrico (TBARS). Além disso, a armazenagem refrigerada aumentou significativamente (P < 0,05) o TVN, a perda por cozedura e os TBARS das amostras não irradiadas e irradiadas. Este estudo mostrou que a irradiação não teve efeitos significativos (P > 0,05) nos atributos sensoriais da carne de camelo crua e cozinhada. As amostras irradiadas foram mais aceitáveis durante a armazenagem. Na observação ultra-estrutural, as micrografias electrónicas de transmissão mostraram alterações estruturais das miofibrilhas nas amostras irradiadas quando comparadas com as não irradiadas. Além disso, o tamanho médio do comprimento do sarcómero das amostras irradiadas foi significativamente (P < 0,05) mais curto do que o da carne de camelo não irradiada.

Henry et al. (2010) Este trabalho foi realizado com o objetivo de avaliar a influência do processo de irradiação na conservação da carne de peru utilizando duas taxas de dose diferentes. Os resultados foram expressos em termos de prazo de validade comercial dos cortes de carne de peru (congelados, congelados e irradiados com uma dose de 1 kGy, e congelados e irradiados com uma dose de 3 kGy). Nove peitos de peru machos com osso foram congelados a -18 °C, cortados, embalados a vácuo e irradiados com raios gama (doses de 1 kGy e 3 kGy) e armazenados durante 540 dias a -18 °C. A oxidação lipídica aumentou de acordo com a dose de irradiação utilizada e o tempo de armazenamento. No início do armazenamento, a radiação gama ajudou a reduzir a aceitação sensorial do sabor da carne, especialmente quando a amostra foi submetida a uma dose de 3 kGy, que foi então confirmada como a que apresentou a maior oxidação lipídica. O processo de irradiação acelerou a oxidação lipídica proporcionalmente às doses utilizadas e aos períodos de armazenamento estudados; no entanto, não foi considerado inaceitável por um período de até 540 dias. As amostras de carne irradiadas apresentaram-se dentro da faixa de pH que caracteriza a carne como própria para consumo até o tempo máximo de armazenamento e não apresentaram alteração nas caraterísticas sensoriais de sabor, cor e impressão global.

Park et al. (2010) estudaram os efeitos comparados da irradiação com raios gama (GR) e feixe de electrões (EB) na qualidade (valor TBARS, dureza, cor), caraterísticas sensoriais e populações bacterianas totais em hambúrgueres de salsicha de carne de vaca durante o armazenamento acelerado a 30 graus C durante 10 dias. Os hambúrgueres de salsicha de carne de vaca foram embalados a vácuo e irradiados por GR e EB a 0, 5, 10, 15 e 20kGy à temperatura ambiente. Os resultados da avaliação da qualidade mostraram que os efeitos da irradiação GR foram semelhantes (p0,05) aos da irradiação EB na oxidação lipídica, na dureza, na cor e nos resultados sensoriais dos hambúrgueres de salsicha de carne de bovino. No entanto, as amostras irradiadas com GR apresentaram contagens bacterianas totais mais baixas (p<0,05) do que as amostras irradiadas com EB após a irradiação e durante o armazenamento, independentemente da dose de irradiação. Os resultados indicam que a utilização da irradiação GR até 10kGy em hambúrgueres deve ser útil na redução das populações bacterianas sem efeitos adversos na qualidade e na maioria das caraterísticas sensoriais (cor, mastigabilidade e sabor).

Chen (2007) realizou uma experiência em oito músculos semitendinosos de bovinos amarelos chineses que foram irradiados com uma fonte de irradiação de (60)Co (com a dose de 1,13, 2,09 ou 3,17 kGy) e armazenados (0 dia ou 10 dias a 7°C) para estimar a alteração dos ácidos gordos das fracções de lípidos neutros (NL), lípidos polares (PL) e lípidos totais (TL) e a alteração da qualidade da carne. O total de ácidos gordos saturados (SFA) e de ácidos gordos monoinsaturados (MUFA) aumentou com a irradiação. Enquanto que o total de ácidos gordos polinsaturados (PUFA) diminuiu com a irradiação, o que resultou numa diminuição do rácio PUFA/SFA na TL (0 dia ou 10 dias). Os valores da perda de purga e das substâncias reactivas ao ácido 2-tiobarbitúrico aumentaram com a irradiação (de 0 a 3,17 kGy) no dia 0, mas estes valores foram mais baixos com a irradiação aos 10 dias. A contagem total de bactérias diminuiu proporcionalmente com o aumento da dose de irradiação de 0 para 3,17 kGy. Pode concluir-se que os perfis de ácidos gordos da carne de bovino se alteraram com a irradiação; no entanto, os perfis de ácidos gordos não se alteraram muito com 3,17 kGy em comparação com 1,13 ou 2,09 kGy, e a qualidade da carne de bovino foi mais aceitável com a dose de 3,17 kGy, pelo que se recomendou a aplicação de uma dose baixa de cerca de 3 kGy de irradiação gama na preparação de carne de bovino fresca.

Formanek et al. (2003) efectuaram uma experiência com cinco lotes de carne de vaca picada embalada aerobicamente proveniente de gado frísio que foram irradiados com uma fonte de irradiação de (60)Co. Os cinco lotes eram os seguintes: sem suplemento (C), com suplemento de acetato de a-tocoferilo na dieta (S), com suplemento de acetato de a-tocoferilo com extrato de alecrim solúvel em água adicionado após a picagem (Rw), com suplemento de acetato de a-tocoferilo com extrato de alecrim solúvel em óleo adicionado após a picagem (Ro) e com suplemento de acetato de a-tocoferilo com extractos de alecrim solúveis em água e em óleo adicionados após a picagem (R). A incorporação de antioxidantes resultou numa melhor retenção da cor. A irradiação a 4 kGy aumentou os valores de Hunter 'a' até ao 4° dia com a suplementação de acetato de a-tocoferilo e até ao 6° dia com a adição de extractos de alecrim. A irradiação a 4 kGy aumentou os valores de Hunter 'b' nos dias 4, 6 e 8 nas amostras de controlo. Os antioxidantes diminuíram os valores de metamioglobina no dia 0 e no dia 2 para as amostras não irradiadas (0 kGy) e durante todo o período de exposição para as amostras irradiadas. Os antioxidantes aumentaram os valores de oximioglobina até ao dia 4 para as amostras de carne de bovino de 1, 2 e 3 kGy e durante todo o período de exposição para as amostras de 4 kGy. Os valores de TBARS para cada grupo de tratamento aumentaram com o aumento da dose de irradiação. As amostras suplementadas com acetato de a-tocoferilo apresentaram valores de TBARS mais baixos do que as amostras de controlo em todas as doses de irradiação. Os níveis de a-tocoferol nas amostras no dia 0 diminuíram com o aumento da dose de irradiação para as amostras (C) e (S). No entanto, os níveis de a-tocoferol nas amostras no dia 0 aumentaram com o aumento da dose de irradiação para as amostras Ro, Rw e R. Todos os tratamentos antioxidantes foram eficazes na inibição da peroxidação lipídica, mesmo com a dose de irradiação mais elevada aplicada. A irradiação causou uma redução significativa no teor de ácidos gordos polinsaturados (PUFA), principalmente em C18:2 após armazenamento a 40°C sob luz fluorescente durante 8 dias.

2.5 Avaliação microbiana

A irradiação pode matar microrganismos e agentes patogénicos presentes na carne e nos produtos à base de carne, o que pode inibir o crescimento de outros micróbios na carne, pelo que esta tecnologia está a ser utilizada para melhorar a segurança e a qualidade de muitos alimentos e produtos alimentares.

Marta et al. (2016) estudaram para avaliar a eficiência do processo de irradiação no controle de Enterococci spp. e Escherichia coli em amostras de coração de frango resfriado adquiridas em uma indústria localizada na Zona Oeste do Rio de Janeiro, Brasil, utilizando doses de irradiação de 1,5 kGy, 3, 0 kGy e 4,5 kGy. Esses microrganismos estão relacionados à contaminação fecal e são indicadores das condições de processamento sanitário dos alimentos. As análises bacteriológicas foram realizadas aplicando-se as metodologias e padrões recomendados pela resolução normativa brasileira nº 12 (BRASIL, 2001) e instrução normativa nº 62 (BRASIL, 2003). Em relação à Escherichia coli, não foi observada diferença estatisticamente significativa entre os quatro grupos (controle, 1,5 kGy, 3,0 kGy e 4,5 kGy) (p>0,05). O Número Mais Provável (NMP) para Enterococci spp. não foi comprovado nas amostras investigadas. Assim, o processo de irradiação gama Co60 foi eficaz na eliminação de Escherichia coli, sendo que a menor dose, de 1,5 kGy, foi suficiente para abolir este enteropatógeno das amostras avaliadas.

Tanzina et al. (2015) estudaram tratamentos combinados de formulação antimicrobiana com irradiação y para verificar o efeito sinérgico contra L. monocytogenes. A microencapsulação de óleos essenciais-nisina e o tratamento de irradiação y em combinação mostraram um efeito antimicrobiano sinérgico durante o armazenamento em produtos de carne RTE. A canela e a nisina microencapsuladas em combinação com a irradiação y (a 1,5 kGy) apresentaram uma taxa de crescimento de L. monocytogenes de 0,03 ln CFU/g/dia, ao passo que a taxa de crescimento da canela e da nisina não microencapsuladas em combinação com a irradiação y foi de 0,17 ln CFU/g/dia. A microencapsulação melhorou significativamente (P < 0,05) a radiossensibilidade de L. monocytogenes. O óleo essencial de orégãos e canela microencapsulado em combinação com nisina apresentou a maior sensibilidade bacteriana à radiação, 2,89 e 5, respetivamente, em comparação com o controlo.

Prakash et al. (2014) realizaram uma experiência em peixes secos ao sol que foram irradiados com radiação gama (5 kGy) e a qualidade microbiana e o prazo de validade foram avaliados nas amostras de peixe seco irradiadas e não irradiadas armazenadas à temperatura ambiente durante seis meses. A irradiação teve efeitos significativos na redução da população microbiana. A contagem total de bactérias manteve-se em condições aceitáveis até ao final do sexto mês de armazenamento. A contagem total de fungos foi inferior ao nível detetável durante todo o período de armazenamento. O crescimento de Salmonella e Vibrio foi observado nas amostras não irradiadas e não foi observado nos peixes secos irradiados.

Fregonesi et al. (2014) estudaram diferentes doses de radiação gama na vida útil da carne de cordeiro, embalada a vácuo e armazenada sob refrigeração, avaliando a segurança microbiológica, a estabilidade físico-química e a qualidade sensorial. Cortes de lombo de cordeiro (Longissimus dorsi) foram irradiados com 1,5 kGy e 3,0 kGy. As amostras, incluindo o controlo, foram armazenadas a 1 ± 1 °C durante 56 dias. As amostras foram analisadas nos dias zero, 14, 28, 42 e 56 pelas suas caraterísticas microbiológicas e físico-químicas. A qualidade sensorial foi efectuada no dia zero. Os resultados mostraram uma redução (p < 0,05) da carga microbiana das amostras irradiadas. A aceitação dos lombos de borrego não foi afetada (p > 0,05) pelas doses de radiação. Assim, a irradiação gama a 3,0 kGy foi eficaz na redução do teor de microorganismos, sem prejudicar as caraterísticas físico-químicas avaliadas.

Kundu et al. (2014) determinaram até que ponto a irradiação de superfícies de carne de vaca fresca com uma dose absorvida de irradiação por feixe de electrões (e-) de 1 kGy poderia reduzir a viabilidade de misturas de Escherichia coli verotoxigénica O157 e não-O157 (VTEC) e Salmonella. Estas foram agrupadas com base em resistências semelhantes à irradiação e inoculadas em superfícies de carne de bovino (exterior plana e interior redonda, cortes superiores e inferiores do músculo), sendo depois irradiadas por feixe eletrónico. Os serovares de Salmonella foram mais resistentes ao tratamento de 1 kGy, mostrando uma redução de < 1,9 log CFU/g. Este tratamento reduziu a viabilidade de dois grupos de misturas de E. coli não-O157 em < 4,5 e < 3,9 log CFU/g. Foram observadas reduções logarítmicas de < 4,0 log UFC/g para os cocktails de E. coli O157:H7. Uma vez que, em condições normais de transformação, os níveis destes agentes patogénicos nas carcaças de bovinos seriam inferiores à letalidade causada pelo tratamento utilizado, seria de esperar que a irradiação a 1 kGy eliminasse o perigo representado pela E. coli VTEC.

Henriques et al. (2013) utilizando irradiação nas doses de 3 kGy e 5 kGy. Trinta amostras de carne de carneiro foram recolhidas de animais localizados no Estado do Rio de Janeiro, Brasil, e depois agrupadas em três lotes, incluindo 10 amostras: não irradiadas (controlo); irradiadas com 3 kGy; e irradiadas com 5 kGy. A exposição à radiação gama em uma instalação de irradiação acionada por fonte de^{137} Cs foi realizada na Seção de Defesa Nuclear do Centro Tecnológico do Exército Brasileiro (CTEx), no Rio de Janeiro. As amostras foram mantidas sob temperatura de congelamento (-18 °C) até as análises, que ocorreram em dois e quatro meses após a irradiação. Os resultados foram interpretados por comparação com os padrões da legislação vigente e demonstraram que as amostras não irradiadas estavam fora dos parâmetros estabelecidos pela legislação para todos os grupos de bactérias estudados. A irradiação gama foi eficaz na inativação destes microrganismos em ambas as doses testadas e a dose óptima foi alcançada com 3 kGy. Os resultados demonstraram não só a necessidade de melhorar as condições sanitárias no abate e transformação da carne de ovino, mas também a eficácia da irradiação para eliminar as bactérias coliformes e Salmonella spp.

Jouki (2013) realizou um experimento para avaliar os efeitos da irradiação gama nas doses de 0,0, 0,5, 2,0 e 4,0 kGy e do armazenamento congelado como um processo combinado na melhoria da vida útil da carne do peito de peru. As amostras foram armazenadas a -18 °C e submetidas a uma avaliação microbiana, química e sensorial em intervalos de 2 meses. No entanto, as doses de 4 kGy reduziram as contagens de bactérias mesófilas e coliformes em mais de 5 unidades logarítmicas, enquanto que a Salmonella não foi detectada. A irradiação das amostras aumentou significativamente o índice de peróxidos, mas não teve qualquer efeito significativo no teor de azoto volátil total, enquanto a armazenagem aumentou significativamente o índice de peróxidos e o azoto volátil total.

Clarence et al. (2009) referiram que os tecidos de animais saudáveis são estéreis, no entanto, foi salientado que, de quilómetro a quilómetro, os microrganismos provinham principalmente do exterior do animal e do seu trato intestinal, mas que eram mais provenientes de facas, roupas, ar, carrinhos e equipamento em geral. Foi relatado que as bactérias gram negativas são responsáveis por aproximadamente 69% dos casos de doenças bacterianas de origem alimentar.

Koutsoumanis et al. (2008) estudaram que o conhecimento das populações microbianas associadas à deterioração da carne é extenso. Os organismos mais frequentemente envolvidos na deterioração da carne e dos produtos à base de carne são Pseudomonas spp., Enterobacteriaceae , Brochothrix thermosphacta e bactérias do ácido lático (LAB); as suas várias contribuições para a flora de deterioração dependem em grande medida da disponibilidade de oxigénio durante a congelação e a descongelação.

Javanmard et al. (2006) realizaram uma experiência em que a irradiação é considerada um dos processos tecnológicos mais eficientes para a redução de microrganismos nos alimentos. Pode ser utilizada para melhorar a segurança dos produtos alimentares e para prolongar o seu prazo de validade. O objetivo deste estudo foi avaliar os efeitos da irradiação gama e do armazenamento congelado como um processo combinado para melhorar a vida útil da carne de frango. Os frangos de carne foram tratados com 0 (não irradiados), 0,75, 3,0 e 5,0 kGy de irradiação gama e mantidos congelados durante 9 meses. As amostras de controlo e irradiadas foram armazenadas a -18 °C e foram submetidas a análises microbianas, caraterísticas químicas e avaliação sensorial a intervalos de 3 meses. A análise microbiana indicou que a irradiação e o armazenamento por congelação tiveram um efeito significativo ($P < 0,05$) na redução das cargas microbianas. Não houve diferença significativa na qualidade sensorial e nas caraterísticas químicas durante o armazenamento por congelação da carne de frango. A combinação de armazenamento por congelação e irradiação resultou numa maior redução global das cargas microbianas, prolongando o prazo de validade da carne de frango para aplicação comercial e em condições críticas.

CAPÍTULO III

MATERIAIS E MÉTODOS

3.1 Recolha de amostras

B Foi colhida carne de bovino (carne de vaca) de 3,5 kg de bovinos recentemente abatidos no mercado local "Sesh mor Bazar", na Universidade Agrícola do Bangladesh, em Mymensingh, às 7 horas da manhã.

3.2 Preparação do frasco e de outros instrumentos

Todos os instrumentos e frascos ou recipientes necessários foram limpos com água quente e detergente em pó e depois secos adequadamente antes de iniciar as actividades experimentais.

3.3 Preparação e irradiação de amostras

Foram colhidos cerca de 3,5 kg de amostras de carne de bovino fresca, que foram limpas com água fresca e a gordura foi aparada com uma faca afiada. As amostras foram divididas em quatro grupos e as amostras de carne foram embaladas em sacos herméticos com fecho de correr, etiquetados com a dose de radiação específica antes da irradiação. Cada grupo foi exposto a uma dose de irradiação de 0,0 (controlo), 2, 4 e 6 KGy no Instituto de Agricultura Nuclear do Bangladesh (BINA). As amostras de carne foram irradiadas na máquina Cobalt[60] GC-5000 (BRIT, Índia), cuja taxa de dose central era de 4,29 KGy/hr. O tempo de tratamento de cada grupo de amostras com 2,00, 4,00 e 6,00 KGy foi de 28 minutos, 55 minutos e 57 segundos e 1 hora e 23 minutos e 55 segundos, respetivamente. Depois disso, as amostras de carne foram imediatamente transferidas para o Departamento de Ciência Animal, onde foram congeladas a -20 °C.

Foto-placa 1: Irradiação na secção nuclear do BINA

3.4 Diferentes caraterísticas analíticas das amostras irradiadas

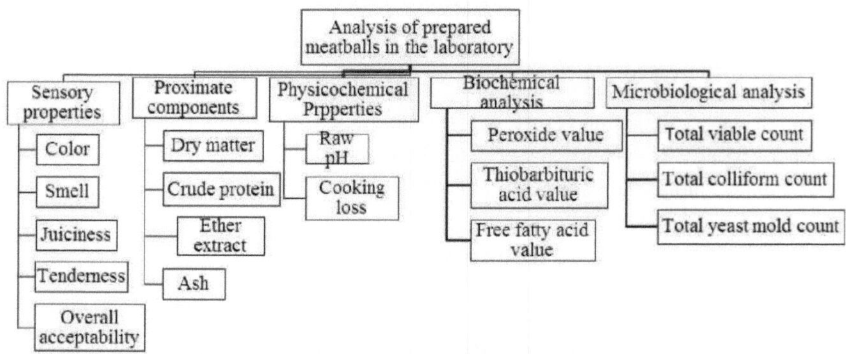

Figura 3.1: Fluxograma do procedimento experimental

3.5 Avaliação sensorial

Foram examinados diferentes atributos sensoriais. Cada amostra foi avaliada por um painel de 6 membros treinados. Os questionários sensoriais mediram a intensidade numa escala semântica equilibrada de 5 pontos (fraca a forte) para os seguintes atributos: cor, cheiro, tenrura, suculência e aceitabilidade global. Os juízes avaliaram as amostras com base nos critérios acima referidos. Os jurados foram selecionados entre o pessoal e os estudantes do departamento e formados de acordo com as diretrizes da American Meat Science Association (AMSA, 1995). A avaliação sensorial foi efectuada em cabinas individuais, em condições controladas de luz, temperatura e humidade. Antes da avaliação das amostras, todos os membros do painel participaram em sessões de orientação para se familiarizarem com os atributos da escala (cor, cheiro, suculência, tenrura, aceitabilidade global) da carne de bovino, utilizando uma escala de intensidade. As qualidades sensoriais das amostras foram avaliadas após a descongelação, antes e depois da cozedura, utilizando um método de pontuação de 5 pontos. A pontuação sensorial foi de 5 para excelente, 4 para muito bom, 3 para bom, 2 para razoável e 1 para mau (Rahman et al., 2012). Todas as amostras foram servidas em placas de Petri. A avaliação sensorial foi efectuada aos 0 dias e repetida aos 30 dias e 60 dias, até ao final da armazenagem refrigerada a $-20 \pm 1°C$.

Equipamento

O equipamento necessário foi constituído por amostras de carne de bovino, Petridis, ficha de avaliação sensorial, painelistas, caneta e lápis, faca, tábua de cortar, água e papel absorvente.

3.6 Composição proximal

A composição proximal, como a matéria seca (MS), o extrato etéreo (EE), a proteína bruta (PB) e as cinzas, foi efectuada de acordo com os métodos (AOAC, 1995). Todas as determinações foram efectuadas em triplicado e o valor médio foi apresentado.

3.6.1 Proteína bruta

A proteína bruta foi determinada pelo método de micro-Kjeldahl. O teor de azoto total de cada amostra foi determinado em triplicado, utilizando o aparelho de Kjeldahl. Neste caso, o azoto total foi determinado por digestão das amostras com 20 ml de ácido sulfúrico concentrado ($H_2 SO_4$) na presença de $K_2 SO_4$, $CuSO_4$ e selénio em pó, seguida de destilação do amoníaco libertado pelo álcali (NaOH) em ácido bórico e titulado com HCl padrão. Os valores de azoto assim obtidos foram convertidos em proteína bruta total multiplicando-os por um fator de 6,25. O cálculo é o seguinte

$$\frac{\text{Titrate required (ml)} \times .014 \text{ (milliequivalent of } N_2) \times \text{Strength of HCl} \times 100}{\text{Weight of sample}}$$

% de PC = % de azoto x fator de conversão (6,25)

5 g de amostra +1 g de catalisador (100 g de $K_2 SO_4$ + 10 g de $CuSO_4$ +1 g de selénio em pó) num balão de Kjeldahl

↓

Introduzir no balão 20 ml de H concentrado$_2$ SO_4. Colocar o frasco na unidade de digestão e aquecer a 420°C durante 45 minutos. Se a amostra não apresentar cor verde, aquecer durante mais 15 minutos.

↓

Arrefecer durante meia hora e adicionar 75 ml de água destilada e 70 ml de solução de NaOH

↓

Cinco minutos de recolha com 20 ml de ácido bórico

↓

Em seguida, titulação com HCl 0,1N (até à cor rosa)

Figura 3.2 Diagrama de fluxo da determinação da proteína bruta (%)

3.6.2 Extrato etéreo

O teor de extrato etéreo foi determinado por um aparelho de Soxhlet, utilizando éter dietílico. No primeiro balão, mediu-se o peso. De seguida, colocaram-se 5 g de amostra num dedal e adicionaram-se 200 ml de acetona num Soxhlet. A extração foi feita a 40-45°C, o que demorou cerca de 7-8 horas. Após a extração, o frasco foi retirado e seco numa estufa durante 30 minutos a 100°C. O frasco contendo o extrato etéreo foi arrefecido num exsicador e pesado. O valor calculado para o teor de extrato etéreo foi obtido em percentagem da amostra.

A fórmula é a seguinte

$$\% \text{ of ether extract} = \frac{\text{Weight of the ether extract}}{\text{Weight of the sample}} \times 100$$

O peso do frasco foi medido

↓

5 g de amostra de carne triturada num dedal + 200 ml de éter dietílico num aparelho de Soxhlet

↓

Extração de 7-8 horas a 40-45°C

↓

Secar o frasco na estufa durante 30 minutos a 100°C

↓

Arrefecimento em exsicadores

↓

Peso do frasco com extrato etéreo

Figura 3.3 Fluxograma da determinação dos extractos etéreos (%)

3.6.3 Cinzas

As amostras pesadas foram colocadas em cadinhos de porcelana e pré-lavadas a 100°C num forno elétrico. Os cadinhos foram então colocados numa mufla e aquecidos a 550°C durante 6 horas. Os cadinhos foram depois arrefecidos em exsicadores. O peso médio em percentagem de cada amostra do material restante foi considerado como cinza.

A fórmula é a seguinte

$$\% \text{ of ash content} = \frac{E}{C} \times 100$$

Onde,

E = Peso das cinzas

C = Peso da amostra

5g de amostra foram colocados em cadinhos de porcelana previamente pesados e pré-lavados a 105°C durante 24 horas.

↓

O cadinho com a amostra foi levado para uma mufla e aquecido a 550°C durante 6 horas

↓

O cadinho é arrefecido num exsicador

↓

As amostras secas são retiradas do exsicador e pesadas

Figura 3.4 Fluxograma da determinação das cinzas

Equipamento

Cadinho, forno de micro-ondas, bureta, frasco cónico, pipeta, frasco, etc.

3.7 Análises bioquímicas

Foram efectuados três tipos de análises bioquímicas. São elas o ácido gordo livre (AGL), o índice de peróxidos (POV) e o índice de ácido tiobarbitúrico (TBARS). Os três tipos de análise foram analisados em seguida.

3.7.1 Análise de ácidos gordos livres (%)

O valor de ácidos gordos livres foi determinado de acordo com Rukunudin et al. (1998). Cinco gramas de amostra foram dissolvidos em 30 mL de clorofórmio utilizando um homogeneizador (IKA T25 digital Ultra-Turrax, Alemanha) a 10.000 rpm durante 1 min. A amostra foi filtrada sob vácuo através de papel de filtro Whatman número 1 para remover as partículas de carne. Após a adição ao filtrado de cinco gotas de fenolftaleína etanólica a 1% como indicador, a solução foi titulada com hidróxido de potássio etanólico 0,01 N.

A fórmula é a seguinte

AGL (%) = ml de titulação x normalidade do KOH x 28,2/g de amostra

Dissolver 5 g de amostra com 30 ml de clorofórmio, utilizando um homogeneizador a 10.00 rpm durante 1 minuto

↓

Em seguida, a amostra é filtrada sob vácuo através de papel de filtro Whatman número 1
para remover as partículas de carne

↓

Em seguida, adicionar à solução filtrada 5 gotas de fenolftalina etanólica a 1% como
indicador

↓

Finalmente, titulou-se a solução com KOH etanólico 0,01N e o valor de AGL foi calculado
pela fórmula acima.

Figura 3.5 Diagrama de fluxo da determinação de AGL (%)

Equipamentos e reagentes

O equipamento necessário foi constituído por amostras de carne, 30 mL de clorofórmio, fenolftaleína etanólica a 1%, hidróxido de potássio etanólico 0,01 N, papel de filtro Whatman número 1, pilão e almofariz, placa de Petri, estufa de ar quente, copo, proveta graduada, bureta, pipeta Mohr de 1 ml e DDW.

3.7.2 Análise do índice de peróxidos (POV) (meq/kg)

O índice de peróxidos (POV) foi determinado de acordo com Sallam et al. (2004). A amostra (3 g) foi pesada num Erlenmeyer com rolha de vidro de 250 ml e aquecida num banho de água a 60 °C durante 3 minutos para derreter a gordura, sendo depois agitada durante 3 minutos com 30 ml de solução de ácido acético-clorofórmio (3:2 v/v) para dissolver a gordura. A amostra foi filtrada sob vácuo através de papel de filtro Whatman número 1 para remover as partículas de carne. Adicionou-se uma solução saturada de iodeto de potássio (0,5 mL) ao filtrado e continuou-se a adicionar a solução de amido. A titulação foi deixada a correr contra uma solução padrão de tiossulfato de sódio (25/1).

A fórmula é a seguinte

O POV foi calculado e expresso em miliequivalente de peróxido por quilograma de amostra:

$$POV\ (meq/kg) = \frac{S \times N}{W} \times 1000$$

Onde S é o volume da titulação (mL), N a normalidade da solução de tiossulfato de sódio (n = 0,01) e W o peso da amostra (g).

3 g de amostra (triturada) em Erlenmeyer (250)

↓

Aquecido num banho de água a 60°c durante 3 minutos

32

↓

Agitar bem durante 3 minutos com 30 ml de solução de ácido acético-clorofórmio (3:2 v/v)

para
dissolver a gordura

↓

Adicionou-se ao filtrado uma solução saturada de iodeto de potássio (0,5 ml) e continuou-se
a adicionar 1 ml de solução de amido

↓

O filtrado foi deixado correr contra uma solução padrão de Na S O_{223} (25/1)

Figura 3.6 Fluxograma da determinação do POV (meq/kg)

Equipamentos e reagentes

O equipamento necessário foi constituído por amostras de carne, frasco de Erlenmeyer com
rolha de vidro de 250 ml, 30 ml de solução de ácido acético-clorofórmio (3:2 v/v), papel de
filtro Whatman número 1, solução saturada de iodeto de potássio (0,5 ml), banho-maria,
pilão e almofariz, cilindro graduado, bureta, pipeta Mohr de 1 ml, 1 ml de solução de amido,
solução-padrão de tiossulfato de sódio (25/1) e DDW.

3.7.3 Valores de ácido tiobarbitúrico (TBARS)

A oxidação lipídica foi avaliada em triplicado utilizando o método do ácido 2-tiobarbitúrico
(TBA) descrito por Schmedes, et al., (1989). As amostras de bolas de carne de bovino (5 g)
foram misturadas com 25 mL de solução de ácido tricloroacético a 20% (200 g/L de ácido
tricloroacético em 135 mL/L de solução de ácido fosfórico) num homogeneizador (IKA)
durante 30 s. A amostra homogeneizada foi filtrada com papel de filtro Whatman número 4
e 2 mL do filtrado foram adicionados a 2 mL de solução aquosa de TBA 0,02 M (3 g/L)
num tubo de ensaio. Os tubos de ensaio foram incubados a 100^0 C durante 30 minutos e
arrefecidos com água da torneira. A absorvância foi medida a 532 nm utilizando um
espetrofotómetro UV-VIS (UV-1200, Shimadzu, Japão). O valor de TBA foi expresso em
mg de malonaldeído por quilograma de amostra de carne.

A fórmula é indicada a seguir:

5g de amostra + 25ml de solução de TCA a 20% misturados com um homogeneizador
durante 30s

↓

A amostra homogeneizada foi filtrada com papel de filtro Whatman número 4

↓

2 ml de filtrado foram adicionados a 2 ml de solução aquosa de TBA 0,02M (3g/L) num
tubo de ensaio

↓

Os tubos de ensaio foram incubados a 100°c durante 30 minutos e arrefecidos com água da torneira

↓

A absorvância foi medida a 532nm utilizando um espetrofotómetro UV-VIS (UV-1200, Shimadzu, Japão)

↓

O valor de TBA foi expresso em mg de melonaldeído por quilograma de amostra de almôndegas

Figura 3.7 Diagrama de fluxo da determinação de TBARS (mg-MDA/kg)

Equipamentos e reagentes

O equipamento necessário foi amostras de carne, ácido 2-tiobarbitúrico (TBA), 25 mL de solução de ácido tricloroacético a 20% (200 g/L de ácido tricloroacético em solução de ácido fosfórico 135 mL/L), papel de filtro Whatman número 4, 2 mL de solução aquosa de TBA 0.02 M de solução aquosa de TBA (3 g/L), 532 nm utilizando um espetrofotómetro UV-VIS (UV-1200, Shimadzu, Japão), pilão e almofariz, copo, tubo de ensaio, cilindro graduado, banho de água com temperatura controlada, máquina de centrifugação, máquina de vórtice, água fria, espetrofotómetro e DDW.

3.8. Medição das propriedades físico-químicas

3.8.1 Medição do pH em bruto

O valor do pH da carne crua foi medido com um medidor de pH a partir do homogenato de carne crua. O homogenato foi preparado misturando 5 g de carne com 10 ml de água destilada.

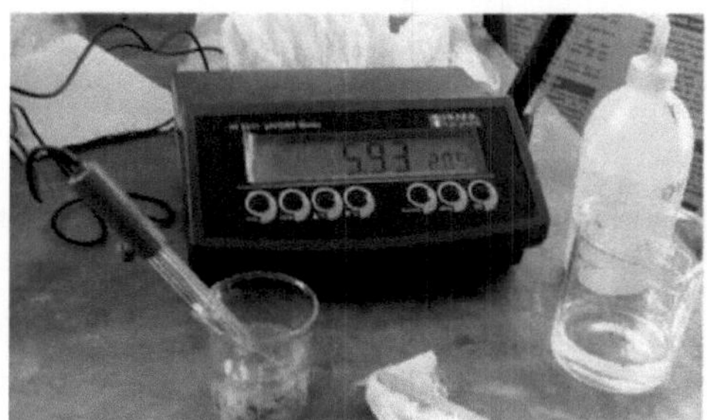

Foto-Placa 2: Determinação do pH bruto

Equipamento

O equipamento necessário é uma balança com 5 g de amostras de carne de vaca, um triturador, um copo, uma máquina de centrifugação, um medidor de pH e um DW.

3.8.2 Perda de cozinha

Para determinar a perda por cozedura, pesaram-se amostras de 5±1 g, que foram embrulhadas num papel de alumínio estável ao calor e mantidas num banho de água a 80° C durante 30 minutos. A temperatura interna não foi medida, mas foi determinada com base em estudos anteriores (Sultana et al., 2008). Estimou-se que a temperatura interna óptima da carne (75-80° C) seria atingida em 30 minutos. A superfície das amostras foi seca e pesada. A perda por cozedura foi calculada após a drenagem do gotejamento proveniente da carne cozinhada da seguinte forma:

Perda de cozedura (%) = $[(w_2 - w_3) / w_2]$ x 100

Onde, w2 = peso da carne antes da cozedura (g) e w3 = peso da carne após a cozedura (g).

Equipamento

O equipamento necessário foi a amostra de carne, um banho-maria com temperatura controlada, papel de alumínio e termopares para permitir o registo da temperatura no centro da amostra de carne e a calculadora.

3.9 Avaliação microbiana

Para a avaliação microbiana, foram efectuadas a contagem total de viáveis, a contagem total de coliformes e a contagem total de bolores e leveduras. Para determinar estes parâmetros, os procedimentos adoptados são descritos a seguir

Fórmula:

Cálculo de CFU (unidade formadora de coliformes)

CFU/gm = número de colónias / (volume semeado x diluição total)

3.9.1 Preparação de amostras para contagem de TVC, TCC e leveduras e bolores

Uma quantidade de 10 g de amostra de carne de bovino foi assepticamente excisada da amostra de stock armazenada. Cada uma das amostras de carne de bovino armazenadas foi macerada de forma completa e uniforme numa misturadora mecânica, utilizando um diluente estéril (água peptonada a 0,1%), de acordo com as recomendações da Organização Internacional de Normalização (ISO, 1995). Uma quantidade de dez (10) gramas da amostra de almôndegas de carne picada foi transferida assepticamente para um recipiente estéril contendo 90 ml de água peptonada a 0,1%. Foi feita uma suspensão homogeneizada num misturador estéril. Assim, obteve-se uma diluição de 1:10 das amostras. Posteriormente, utilizando uma máquina de mistura em turbilhão, foram preparadas diferentes diluições em série, de 10^{-2} a 10^{-6}, de acordo com as instruções do método padrão (ISO, 1995).

3.9.2 Meios e reagentes utilizados para a contagem de TVC, TCC e leveduras e bolores

Meios sólidos e reagentes

Os meios utilizados para estas análises bacteriológicas incluíram ágar para contagem de placas (PCA), ágar MacConkey (MA) e ágar dextrose de batata (PDA). Os meios comerciais foram preparados de acordo com as instruções dos fabricantes. O diluente utilizado durante o estudo foi água peptonada a 0,1%.

3.9.3 Vidraria e outros aparelhos

Durante a experiência, foram utilizados diferentes tipos de material de vidro e de aparelhos. Estes foram os seguintes: Tubos de ensaio (com ou sem tubo de fermentação de Durham e rolha), petridishes, frasco cónico, pipeta (capacidades de 1 ml, 5 ml, 10 ml e 25 ml), espátula de vidro, suporte para tubos de ensaio, almofariz e pilão, máquina de mistura em turbilhão, máquina misturadora, banho-maria, incubadora, frigorífico, instrumentos de esterilização, forno de ar quente, caixas de gelo, balança eletrónica, medidor eletrónico de pH, etc.

3.9.4 Preparação dos suportes

Dissolveu-se uma quantidade de 11,50 g de ágar PCA e 15,6 g de ágar MA em 500 ml e 300 ml de água destilada fria em dois frascos cónicos separados e aqueceu-se até à ebulição para dissolver completamente os ingredientes. No caso do PDA, 200 g de batata previamente descascada e cortada em pedaços foram colocados em 1000 ml de água destilada e fervidos durante uma hora. Após a fervura, peneirou-se através de um pano de algodão limpo. Adicionaram-se 20 g de dextrose comercial e 15 g de ágar à solução de infusão de batata e aqueceu-se até à ebulição para dissolver completamente os ingredientes. Posteriormente, os meios foram esterilizados a 121°C (6,795 kg de pressão/polegada quadrada) durante 15 minutos numa autoclave. A reação final foi ajustada para pH 7,0 ± 0,1. O ágar estava então pronto para ser vertido. Antes do vazamento, o meio foi mantido num banho de água a ferver a 45°C.

3.9.5 Enumeração da contagem total de viáveis (TVC)

Para a determinação das contagens bacterianas totais, foram transferidos 0,1 ml de cada diluição de dez vezes e espalhados em ágar PCA em triplicado, utilizando uma pipeta estéril para cada diluição. As amostras diluídas foram espalhadas o mais rapidamente possível na superfície da placa com uma espátula de vidro esterilizada. Foi utilizada uma espátula esterilizada para cada placa. As placas foram então mantidas numa incubadora a 35°C durante 24-48 horas. Após a incubação, foram contadas as placas que apresentavam 30-300 colónias. As colónias foram contadas com a ajuda de um contador de colónias. O número médio de colónias numa determinada diluição foi multiplicado pelo fator de diluição para obter a contagem total viável. A contagem total viável foi calculada de acordo com a ISO (1995). Os resultados da contagem bacteriana total foram expressos como o número de organismos em unidades formadoras de colónias por grama (UFC/g) de amostras de carne de bovino.

3.9.6 Enumeração da contagem total de coliformes (TCC)

Para a determinação das contagens totais de coliformes, transferiu-se 0,1 ml de cada diluição de dez vezes e espalhou-se em triplicado de ágar MA utilizando uma pipeta estéril para cada diluição. As amostras diluídas foram espalhadas o mais rapidamente possível na superfície da placa com uma espátula de vidro esterilizada. Foi utilizada uma espátula esterilizada para cada placa. As placas foram então mantidas numa incubadora a 35°C durante 24-48 horas. Após a incubação, foram contadas as placas que apresentavam 30-300 colónias. As colónias foram contadas com a ajuda de um contador de colónias. O número médio de colónias numa determinada diluição foi multiplicado pelo fator de diluição para obter a contagem total de coliformes. A contagem total de coliformes foi calculada de acordo com a ISO (1995). Os resultados da contagem total de coliformes foram expressos como o número de unidades formadoras de colónias do organismo por grama (UFC/g) de amostras de carne de bovino.

3.9.7 Enumeração da contagem de leveduras e bolores

Para a determinação da contagem de leveduras e bolores, foram transferidos 0,1 ml de cada diluição de dez vezes e espalhados em ágar PDA em triplicado, utilizando uma pipeta estéril para cada diluição. As amostras diluídas foram espalhadas o mais rapidamente possível na superfície da placa com uma espátula de vidro esterilizada. Foi utilizada uma espátula esterilizada para cada placa. As placas foram então mantidas numa incubadora a 25°C durante 48-72 horas. Após a incubação, foram contadas as placas que apresentavam 30-300 colónias. As colónias foram contadas com a ajuda de um contador de colónias. O número médio de colónias numa determinada diluição foi multiplicado pelo fator de diluição para obter a contagem de leveduras e bolores. A contagem de leveduras e bolores foi calculada de acordo com a ISO (1995). Os resultados da contagem de leveduras e bolores foram expressos como o número de organismos em unidades formadoras de colónias por grama (CFU/g) de amostras de carne de bovino.

3.10 Modelo estatístico e análise

O modelo proposto para a experiência planeada foi uma experiência fatorial com dois factores A (Tratamentos) e B (Dias de Intervalo):

yijk = μ + Ai + Bj +(AB)ij + eijk i = 1,...,,a; j = 1,...,b; k = 1,...,,n

Onde:

yijk = observação k no nível i do fator A e no nível j do fator B

μ = a média global

Ai = o efeito do nível i do fator A

Bj = efeito do nível j do fator B

Os dados foram analisados estatisticamente utilizando o software SAS Statistical Discovery Software, NC, EUA. O teste DMRT foi utilizado para determinar a significância das diferenças entre as médias dos tratamentos.

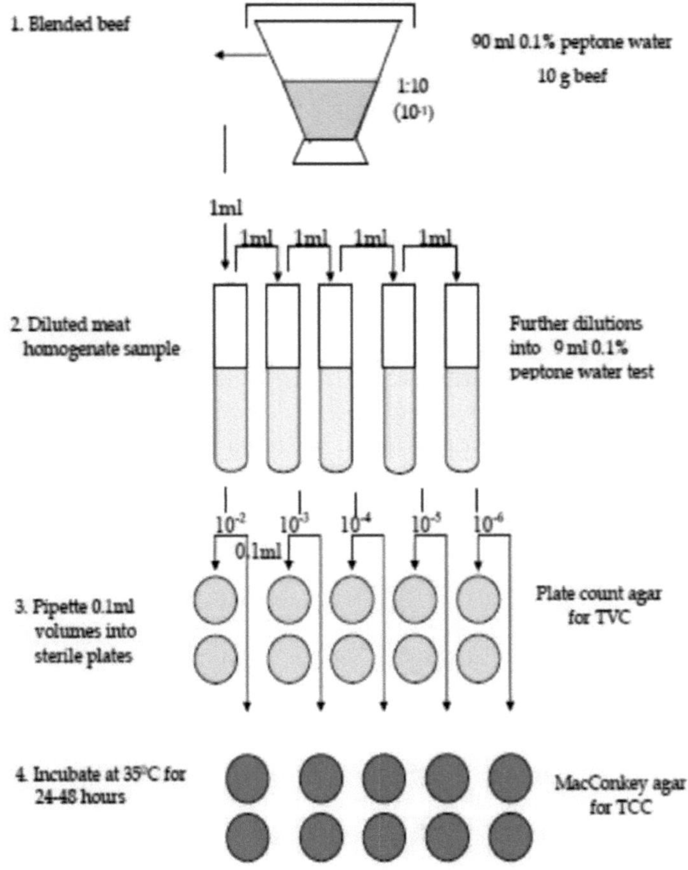

Figura 3.8: Protocolo experimental de contagem total de bactérias viáveis e coliformes totais

CAPÍTULO IV

RESULTADOS E DISCUSSÃO

4.1 Avaliação sensorial

As amostras totais de carne foram divididas em quatro grupos. Estes eram grupos de controlo, irradiados a 2,00, 4,00 e 6,00 KGy. As amostras de cada grupo foram avaliadas por seis juízes de honra. Os membros do painel foram selecionados entre pessoal altamente qualificado para o teste do painel. A avaliação sensorial foi efectuada individualmente, em condições controladas de luz, temperatura e humidade. Antes da avaliação das amostras, todos os membros do painel participaram em sessões de orientação para se familiarizarem com os atributos da escala (aceitabilidade da cor, tenrura, suculência, sabor, textura, aspereza, dureza, firmeza, mastigabilidade, sabor, suavidade para a língua e verificação e, por último, impressão global) da carne fresca, utilizando uma escala de intensidade. A pontuação sensorial foi de 5 para excelente, 4 para muito bom, 3 para bom, 2 para razoável e 1 para mau. Todas as amostras foram servidas nas placas de Petri e devolvidas para posterior análise química.

4.1.1 Cor

A irradiação gama da carne de bovino nas doses do presente estudo não teve efeitos significativos na cor inicial das amostras de carne crua. O painelista deu a mesma pontuação de preferência para as amostras irradiadas e não irradiadas, o que indicou que todas eram altamente aceitáveis como juiz pela aparência e cor. O quadro 4.1 apresenta as alterações da cor da carne de bovino irradiada e não irradiada em diferentes intervalos de dias. A gama de pontuação de cor geral observada em diferentes tratamentos foi de 3,33 a 4,33. A irradiação aumentou a cor da carne, o que significa que a irradiação diminuiu a luminosidade e a vermelhidão aumentou com a irradiação e o mesmo sobrescrito foi observado entre os grupos tratados com irradiação, o que indica que a irradiação não teve diferenças significativas na cor da carne. O tempo de armazenamento (até 60 dias) também diminuiu significativamente a cor da carne. A gama de diferentes intervalos de dias de observação geral da pontuação de cor foi de 4,67 a 3,25. A cor preferível foi observada a partir do dia 0 e a cor menos preferível a partir do dia 60th . Após 60 dias de armazenamento refrigerado, a carne não irradiada tinha um valor significativamente mais baixo ($p < 0,05$) do que a carne irradiada. As mudanças de cor na carne fresca irradiada ocorrem devido à suscetibilidade da molécula de mioglobina, especialmente o ferro, a alterações no ambiente químico e à entrada de energia (Brewer, 2004). A capacidade de redução da metmioglobina da carne fresca é essencial para que a carne retenha a sua capacidade de atingir uma cor vermelha após a sua remoção das embalagens a vácuo (Li et al., 2012). A metmioglobina é o pigmento responsável pela cor castanha caraterística da carne à medida que esta se deteriora durante o armazenamento refrigerado (Mancini e Hunt, 2005). Numa revisão, (Nam e Ahn, 2002) sugeriram que o mecanismo de mudança de cor na carne irradiada seria semelhante ao da carne não irradiada. Nanke et al., (1998) observaram que o efeito da irradiação na cor da carne embalada em vácuo diferia entre diferentes tipos de carne e era dependente da dose. Esta diferença entre tipos de carne foi apoiada por Nam e Ahn (2002), que observaram que diferentes mecanismos e pigmentos eram responsáveis pelas alterações de cor induzidas pela irradiação na carne de peru. Lee e Ahn (2005) utilizaram um painel sensorial de 10 membros treinados para avaliar as caraterísticas de odor, cor e textura de rolos de peito de peru irradiados tratados com extrato de ameixa. Não foram registadas grandes diferenças de cor (p>0,05) entre os rolos de peito de peru irradiados tratados e não tratados.

4.1.2 Sabor

A irradiação gama da carne de bovino no presente estudo produziu alguns produtos radiolíticos que são responsáveis por pequenas alterações no sabor da carne. A Tabela 4.1 mostra as mudanças no escore de sabor da carne irradiada e não irradiada com diferentes dias de intervalo. O intervalo de pontuação de sabor entre os quatro tratamentos foi de 4,33 a 3,44. O sabor ou odor diminuiu ligeiramente com as doses de irradiação, devido à produção de algum odor desagradável após a irradiação, devido à acumulação de produtos metabólicos com mau cheiro, como ésteres e tióis. A variação do sabor entre os diferentes dias de intervalo foi de 4,33 a 3,17. O sabor dos diferentes tratamentos diminuiu significativamente com o período de armazenamento. Os diferentes sobrescritos foram observados a partir de 0, 30th e 60th dias, indicando que houve uma diminuição significativa com o tempo de armazenamento. Estes resultados também estão de acordo com as conclusões de (Modi et al., 2008). A irradiação também é conhecida por produzir odores e sabores estranhos em produtos alimentares, incluindo a carne de bovino, através da formação de produtos radiolíticos que dependem da dose de radiação, da taxa de dose, das condições de embalagem e da temperatura (Jung, 2007). Os compostos de tipo radiolítico também se podem formar naturalmente nos alimentos durante a cozedura sem irradiação (Chen et al., 2002). Felizmente, os factores que determinam um número de produtos radiolíticos formados podem ser controlados e também (Yim et al., 2015) observaram que a irradiação reduziu as quantidades de voláteis com odor desagradável através de embalagem dupla e tratamento antioxidante.

4.1.3 Ternura

A maciez da carne de bovino irradiada e não irradiada com diferentes intervalos de dias é apresentada no Quadro 4.1. O intervalo da pontuação geral de maciez observada em diferentes tratamentos foi de 3,56 a 4,75. A irradiação da carne aumentou ligeiramente a tenrura da carne e a tenrura é ligeiramente mais elevada com as doses de irradiação. A gama de diferentes intervalos de dias de observação geral da pontuação de maciez foi de 4,75 a

3,08. Os diferentes sobrescritos foram observados a partir de 0, 30th e 60th dias de observação. A maciez diminuiu significativamente com o tempo de armazenamento. Com o aumento do período de armazenamento, a matéria seca aumentou, consequentemente a maciez diminuiu com os intervalos de dias. Trabalhos anteriores de Ali e Zahran (2010) obtiveram resultados semelhantes e observaram que diferentes doses de irradiação melhoraram a tenrura da carne de frango. A melhoria da maciez pode ser atribuída ao efeito de amaciamento da vitamina E quando suplementada ao frango (Ali e Zahran, 2010). Vários investigadores associaram a tenrura da carne à degradação das proteínas miofibrilares afectadas pela presença de proteases dependentes do cálcio ou calpaínas (Muchenje et al., 2009). Yoon (2003) referiu que, devido à irradiação, houve uma rutura física das miofibrilhas, o que é geralmente conhecido por causar uma textura tenra. Em contrapartida, Yoon (2003) verificou que a força de cisalhamento do peito de frango irradiado durante 14 dias de armazenamento refrigerado era significativamente mais elevada do que a das amostras não irradiadas.

4.1.4 Sumo

A irradiação gama da carne de bovino nas diferentes doses utilizadas no presente estudo não teve efeitos significativos (p>0,05) na suculência inicial da carne de bovino. As alterações do grau de suculência da carne de bovino irradiada e não irradiada são apresentadas no Quadro 4.1. O intervalo da pontuação geral de suculência observada nos diferentes tratamentos foi de 3,89 a 4,22. As doses de irradiação aumentaram ligeiramente a suculência da carne de bovino. A gama de diferentes intervalos de dias de observação global do grau de suculência foi de 4,67 a 3,17. A suculência diminuiu significativamente (p<0,05) com o tempo de armazenamento. Os dados mostram que a pontuação mais baixa do teste foi reduzida para 3,17 em todos os tratamentos após 60 dias de armazenamento. A suculência é influenciada pelo corte da carne e pelo tempo de cozedura da carne. Quanto mais um músculo for utilizado, mais forte e, por conseguinte, mais duro será o corte de carne. E quanto mais tempo a carne é cozinhada, mais líquido perde e mais dura se torna. O resultado desta experiência também está relacionado com as conclusões de (Lui et al., 2010). A suculência é um atributo de qualidade alimentar que influencia positivamente (em maior ou menor grau) as preferências da maioria dos consumidores de carne de porco (Aaslyng et al., 2007), de vaca (Polkinghorne e Thompson, 2010) e de borrego (Thompson et al., 2005; Furnols et al., 2009). Wheeler et al. (2009) observaram que não houve diferenças (p > 0,05) entre os tratamentos para as classificações de maciez (6,3, 6,6 e 6,7) ou suculência (5,7, 5,9 e 5,9), respetivamente, para 0, 3,0 e 4,5 kGy. Badar (2004) também observou um resultado semelhante na carne de coelho e constatou que a irradiação não teve um efeito significativo na suculência da carne.

4.1.5 Aceitabilidade global

A pontuação de aceitabilidade global dos animais irradiados e não irradiados com intervalos de dias é apresentada no Quadro 4.1. O intervalo do índice de aceitabilidade global observado nos diferentes tratamentos foi de 3,56 a 4,17. As doses de irradiação aumentaram ligeiramente a aceitabilidade global da carne. A gama de aceitabilidade global em diferentes dias de intervalos e foi de 4,58 a 3,33. Os diferentes sobrescritos foram observados a partir de 0, 30th e 60 dias, o que indica que houve poucas diferenças significativas com o tempo de armazenamento. A aceitabilidade global preferível foi observada a partir de 0 dia e a aceitabilidade global menos preferível a partir de 60 dias. Os dados mostram que a pontuação mais baixa do teste foi reduzida para 3,33 em todos os tratamentos após 60 dias de armazenamento. A carne e os produtos à base de carne são fontes importantes de proteínas, gorduras, aminoácidos essenciais, minerais, vitaminas e outros nutrientes (Biesalski, 1985). Durante o processamento da carne e dos produtos à base de carne, podem ser gerados muitos compostos funcionais: muitos péptidos produzidos a partir da fermentação e da hidrólise induzida por enzimas mostraram benefícios fisiológicos para o ser humano (Saiga et al., 2003; Vercruysse et al., 2005).

Tabela 4.1: Atributos sensoriais (média ± SE) em amostras de carne de bovino irradiada em comparação com o controlo

Parameters	DI	Treatments				Mean ± SE	Level of significance		
		T_1	T_2	T_3	T_4		Treat.	DI	T*DI
Color	0	4.33±0.33	4.67±0.33	4.67±0.33	5.00±0.00	4.67[a]±0.25	0.0020	<.0001	0.7000
	30	3.33±0.33	4.33±0.33	4.67±0.33	4.33±0.33	4.17[b]±0.33			
	60	2.33±0.33	3.33±0.33	3.67±0.33	3.67±0.33	3.25[c]±0.33			
	Mean	3.33[b]±0.33	4.11[a]±0.33	4.33[a]±0.33	4.33[a]±0.22				
Flavor	0	4.67±0.33	4.33±0.33	4.33±0.33	4.00±0.57	4.33[a]±0.39	0.1724	0.0125	0.9595
	30	4.33±0.33	4.00±0.57	3.33±0.33	3.67±0.67	3.83[ab]±0.48			
	60	4.00±0.58	3.00±0.57	3.00±0.58	2.67±0.33	3.17[b]±0.51			
	Mean	4.33[a]±0.41	3.78[a]±0.49	3.56[a]±0.41	3.44[a]±0.52				
Tenderness	0	4.67±0.33	4.67±0.33	4.67±0.33	5.00±0.33	4.75[a]±0.33	0.1674	<.0001	0.9282
	30	3.33±0.33	4.00±0.00	3.67±0.33	4.16±0.44	3.88[b]±0.28			
	60	2.67±0.33	3.33±0.33	3.00±0.58	3.33±0.33	3.08[c]±0.39			
	Mean	3.56[b]±0.33	4.00[ab]±0.22	3.89[ab]±0.41	4.17[a]±0.37				
Juiciness	0	4.33 ± 0.33	4.67 ± 0.33	4.67 ± 0.33	5.00±0.00	4.67[a]±0.33	0.0656	<.0001	0.3564
	30	3.67 ±0.67	3.33 ± 0.33	4.33 ± 0.33	4.33±0.33	3.91[b]±0.42			
	60	3.67 ± 0.33	2.33 ± 0.33	3.33 ± 0.33	3.33 ± 0.33	3.17[c]±0.33			
	Mean	3.89[ab]±0.44	3.44[b]±0.33	4.11[a]±0.33	4.22[a]±0.22				
Overall acceptability	0	4.33 ± 0.33	4.67 ± 0.33	4.67 ± 0.33	4.67 ± 0.33	4.58[a]±0.33	0.1959	0.0003	0.9311
	30	3.33 ± 0.33	3.67 ± 0.33	4.33 ± 0.33	4.16±0.44	3.88[b]±0.36			
	60	3.00 ±0.57	3.33 ± 0.33	3.33 ± 0.33	3.67 ± 0.33	3.33[c]±0.39			
	Mean	3.56[a]±0.41	3.89[a]±0.33	4.11[a]±0.33	4.17[a]±0.37				

*As médias em cada linha com diferentes sobrescritos variam significativamente com valores p < 0,05. Mais uma vez, os valores médios com o mesmo sobrescrito em cada linha não diferiram significativamente a p > 0,05. T_1 = Grupo de controlo, T_2 = Grupo irradiado com 2 KGy, T_3 = Grupo irradiado com 4 KGy, T_4 = Grupo irradiado com 6 KGy, DI=Dias de intervalos, Treat= Tratamento, T*DI=Interação de tratamento e dias de intervalos.*

4.2 Análise Proximal

Os efeitos da irradiação gama na composição proximal da carne de bovino são apresentados no quadro 4.2. Aparentemente, os tratamentos de irradiação provocaram apenas pequenas alterações nos teores de humidade, proteína, gordura e cinzas das carnes. As amostras foram armazenadas a -20°C e analisadas até ao 60º dia. O valor dos componentes proximais é apresentado no Quadro 4.2.

4.2.1 Matéria seca (MS)

O teor de matéria seca da carne de bovino irradiada e não irradiada é apresentado no quadro 4.2 e o intervalo global do teor de MS observado nos diferentes tratamentos foi de 23,23% a 27,43%. O sobrescrito totalmente diferente observado nos quatro grupos de tratamento indica que houve um aumento significativo do teor de MS com uma dose de irradiação mais elevada. O resultado mostrou que o aumento da dose de irradiação aumentou significativamente o teor de MS, pelo que o prazo de validade da carne aumentou. A melhoria do teor de MS deve-se a uma redução das actividades metabólicas. O teor de humidade na amostra de controlo foi encontrado próximo dos resultados de (Dhanda et al., 2003; Islam et al., 2010). O teor de MS também aumentou com o tempo de armazenamento e a observação geral de diferentes dias de intervalos do teor de matéria seca foi de 23,67 a 26,20 %. Os diferentes sobrescritos observados a partir de 0, 30 e 60 dias de observação indicam que houve diferenças significativas entre estes três dias de observação. A principal razão seria uma perda por evaporação da carcaça quente à medida que esta é transferida para o frigorífico. Resultados semelhantes também foram encontrados por (Modi et al., 2008; Al-Bachir e Zeinou, 2014). A mesma tendência também foi observada por (Konieczny et al., 2007) e relataram que o teor de matéria seca aumentou com o tempo de armazenamento.

4.2.2 Proteína bruta (PC)

O teor de proteína bruta da carne de bovino irradiada e não irradiada é apresentado no quadro 4.2. O intervalo global do teor de proteína bruta observado nos diferentes tratamentos foi de 23,31 a 22,33 %. Não se registaram alterações significativas no teor de proteína bruta da carne em doses elevadas de 6 KGy em comparação com a proteína de carne de bovino não irradiada controlada. Isto pode dever-se ao facto de a presença de sólidos solúveis no sumo de carne poder exercer um efeito considerável na proteção das proteínas contra os danos causados pela radiação (Batzer et al., 1955). Resultados semelhantes também foram encontrados por (Modi et al., 2008; Al-Bachir e Zeinou, 2014). O teor de proteína bruta também diminuiu significativamente com o tempo de armazenamento e o total observado de diferentes dias de intervalos de teor de PC foi de 24,17 a 20,38 %.

O teor de PC preferível foi observado a partir do dia 0 e o teor menos preferível a partir do dia 60th . Os dados mostram que a quantidade mais baixa de teor de PC diminuiu para 20,38 % em todos os tratamentos após 60 dias de armazenamento. Resultados semelhantes foram encontrados por (Al-Bachir et al., 2009) onde a percentagem de proteína bruta da carne diminuiu com o aumento da idade do animal e não foram observadas diferenças significativas na proteína da carne devido à irradiação. O teor mais elevado de proteína bruta da carne e dos produtos à base de carne é vantajoso para o consumidor porque as proteínas são necessárias em níveis mais elevados nas crianças em crescimento e também para funções produtivas como a gravidez e a lactação devido ao aumento da produção de proteínas nos produtos da conceção e no leite (Heinz e Hautzinger, 2007). Por conseguinte, com níveis mais elevados de proteínas brutas nos produtos à base de carne, os consumidores necessitarão de uma pequena quantidade para satisfazer as suas necessidades nutricionais e, assim, reduzir as despesas com carne e produtos à base de carne.

4.2.3 Extrato de éter (EE)

O teor de EE da carne de bovino irradiada e não irradiada é apresentado no quadro 4.2. O intervalo do teor global de EE observado nos diferentes tratamentos foi de 12,58 a 10,97%. O facto de ter sido observado um sobrescrito totalmente diferente indica que houve diferenças significativas no teor de EE da carne irradiada e não irradiada. As amostras tratadas com radiação tinham quantidades significativamente mais elevadas de EE em comparação com o grupo de controlo. O aumento do teor de gordura pode dever-se à degradação de grandes moléculas de lípidos, o que acaba por aumentar o teor de gordura da nossa amostra. Esta tendência foi semelhante à de (Yilmaz e Gecgel, 2007; Al-Bachir et al., 2014,). Da mesma forma (Chen et al., 2007) mostraram que a percentagem de C16:0 e SFA total aumentou (p < 0,05) significativamente após a irradiação da carne de bovino. O efeito da radiação gama na composição dos ácidos gordos pode ser atribuído à produção de radicais livres durante o processo de irradiação. As perdas de água, que ocorrem durante a irradiação, resultaram num teor de matéria seca mais elevado na carne irradiada do que no controlo não irradiado, o que, por sua vez, aumenta o teor de lípidos na maioria dos casos. Este resultado pode ser explicado pela relação inversa entre os teores de gordura e humidade ou por um efeito dose-dependente da irradiação no perfil de ácidos gordos (Stefanova et al., 2011). O teor de EE também aumentou significativamente com o tempo de armazenamento (11,52 a 12,77). O teor de EE aumentou com o aumento do período de armazenamento. O teor de EE preferível foi observado a partir de 0 dia e o teor de EE menos preferível a partir de 60th dia. Os dados mostram que a maior quantidade de conteúdo de EE foi aumentada para 12,37% em todos os tratamentos após 60 dias de armazenamento. Os resultados deste estudo estão de acordo com as conclusões de (Al-Bachir et al., 2009; Bakalivanova et al., 2009), aumento da atividade de oxidação e peroxidação lipídica como resultado do tratamento com radiação e do tempo de armazenamento da carne e dos produtos à base de carne.

4.2.4 Cinzas

O teor de cinzas da carne irradiada e não irradiada é apresentado no quadro 4.2 e o intervalo do teor global de cinzas observado foi de 1,46 a 1,16 %. O teor de cinzas diminuiu significativamente com o aumento das doses, tendo o teor de cinzas após a irradiação registado uma diminuição dependente da dose. A gama de teor de cinzas observada nos diferentes dias de intervalos foi de 1,37 a 1,26%. Os diferentes sobrescritos foram observados a partir de 0, 30th e 60th dias de observação indicam que houve uma diminuição significativa do teor de cinzas com o tempo de armazenamento. O teor de cinzas foi significativamente alterado com o aumento do período de armazenamento. Este estudo revelou os resultados de acordo com os resultados de (Al-Bachir et al., 2014) que também demonstraram que o teor de cinzas da carne diminui com o aumento das doses de radiação. De acordo com os nossos resultados (Badr, 2004) não observou diferenças significativas nos teores de cinzas e proteínas entre peito de frango irradiado (1,5 e 3,0 kGy) e não irradiado. Gecgel (2013) relatou resultados semelhantes para almôndegas, mas suas amostras foram irradiadas em doses de até 7,0 kGy. Arannilewa et al. (2005) observaram que o teor de cinzas da carne diminui com o armazenamento congelado.

Quadro 4.2: Composição proximal (média ± SE) em amostras de carne de bovino irradiadas em comparação com o controlo

Parameters	DI	Treatments				Mean ± SE	Level of significance		
		T_1	T_2	T_3	T_4		Treat.	DI	T*DI
DM (%)	0	22.02±0.072	22.79±0.106	23.81±0.124	26.06±0.046	**23.67^c±0.087**	<.0001	<.0001	<.0001
	30	23.28±0.035	23.84±0.049	24.96±0.067	27.07±0.069	**24.79^b±0.055**			
	60	24.38±0.024	25.08±0.06	26.17±0.024	29.16±0.029	**26.20^a±0.034**			
	Mean	**23.23^d±0.044**	**23.91^c±0.039**	**24.98^b±0.072**	**27.43^a±0.048**				
CP (%)	0	24.15±0.029	24.18±0.012	24.17±0.02	24.18±0.031	**24.17^a±0.023**	0.7625	<.0001	0.5093
	30	22.44±0.023	22.42±0.012	22.44±0.017	22.46±0.02	**22.44^b±0.018**			
	60	20.36±0.072	20.44±0.012	20.36±0.07	20.34±0.064	**20.38^c±0.055**			
	Mean	**22.31^a±0.041**	**22.35^a±0.012**	**22.32^a±0.036**	**22.33^a±0.038**				
EE (%)	0	10.70±0.031	11.34±0.031	11.86±0.038	12.17±0.095	**11.52^c±0.049**	<.0001	<.0001	<.0001
	30	11.05±0.087	12.15±0.087	12.48±0.055	12.70±0.096	**12.09^b±0.081**			
	60	11.18±0.132	12.66±0.055	12.76±0.055	12.87±0.029	**12.37^a±0.068**			
	Mean	**10.97^d±0.083**	**12.05^c±0.058**	**12.37^b±0.049**	**12.58^a±0.073**				
Ash (%)	0	1.51±0.018	1.44±0.008	1.31±0.018	1.22±0.02	**1.37^a±0.016**	<.0001	<.0001	0.9921
	30	1.45±0.018	1.38±0.015	1.26±0.02	1.16±0.012	**1.31^b±0.016**			
	60	1.41±0.019	1.33±0.012	1.22±0.011	1.12±0.012	**1.26^c±0.014**			
	Mean	**1.46^a±0.018**	**1.38^b±0.012**	**1.26^c±0.016**	**1.16^d±0.015**				

*As médias em cada linha com diferentes sobrescritos variam significativamente com valores p < 0,05. Mais uma vez, os valores médios com o mesmo sobrescrito em cada linha não diferiram significativamente a p> 0,05. Ti=Grupo de controlo, T_2 = 2 KGy grupo irradiado, T_3 = 4 KGy grupo irradiado T_4 = 6 KGy grupo irradiado, DI=Dias de intervalos, Treat= Tratamento, T*DI=Interação de tratamento e dias de intervalos.*

4.3 Propriedades físico-químicas e bioquímicas

As propriedades físico-químicas e bioquímicas, tais como o pH em bruto, a perda por cozedura, os AGL, os PV e os TBARS, foram determinadas e os resultados obtidos são apresentados no Quadro 4.3

4.3.1 pH bruto

O pH bruto em amostras de carne de bovino irradiadas e não irradiadas com intervalos de dias foi apresentado no Quadro 4.3 e a gama de pH bruto global observado foi de 5,85 a 5,76%. O valor do pH diminuiu significativamente com o aumento das doses de irradiação. A ausência de alterações no pH reflecte que não houve suficientes quebras de proteínas durante estes tempos de armazenamento para provocar um aumento do pH típico do armazenamento de carne durante períodos mais longos (Modi et al., 2008). O aumento dos valores de gordura nas amostras irradiadas e durante a armazenagem provocou uma diminuição dos valores de pH. (Morales-delanuez et al., 2009). O efeito da irradiação diminuiu os valores de P^H nas amostras irradiadas em comparação com o controlo. A gama de valores globais observados nos diferentes dias de intervalos do pH bruto foi de 5,86 a 5,74%. O pH bruto também diminuiu significativamente com o tempo de armazenamento. Os dados mostraram uma ligeira diminuição dos valores do pH em bruto e um aumento dos valores de acidez para todas as amostras com o tempo de armazenamento durante os 60 dias de armazenamento, em resultado do aumento dos ácidos gordos livres devido à rancidez. O pH bruto preferível foi observado a partir de 0 dia e o conteúdo de pH bruto menos preferível foi observado a partir de 60th dias de observação. Resultados semelhantes também foram encontrados na carne de frango de corte irradiada, o pH diminuiu ligeiramente à medida que a dose aumentou, bem como com a passagem do tempo, armazenada no frigorífico (Morales-delanuez et al., 2009; Aftab et al., 2015).

4.3.2 Perda de cozedura

As perdas por cozedura da carne de bovino irradiada e não irradiada são apresentadas no quadro 4.3. O intervalo da perda global de cozedura observada nos diferentes tratamentos foi de 27,09 % a 30,83 %. Os resultados mostraram que a perda por cozedura aumentou significativamente com as doses de irradiação. A gama de perda global observada nos diferentes dias de intervalos de cozedura foi de 23,84 a 34,40%. O sobrescrito diferente foi observado a partir de 0, 30 e 60 dias de observação indicam que houve um aumento significativo com o tempo de armazenamento. Estes resultados são semelhantes aos de (Margit et al., 2003), que concluíram que um pH baixo e uma baixa capacidade de retenção de água resultam numa elevada perda por cozedura. A irradiação, assim como o tempo de armazenamento, diminuiu a fibra muscular, o que foi a causa do aumento das perdas por cozedura. A área da secção transversal das amostras de músculo demonstrou ter um efeito quase tão grande na perda por cozedura como o comprimento das fibras musculares. A partir de medições das temperaturas internas, foi demonstrado que o tamanho da amostra determinava a taxa de aquecimento e, por conseguinte, tinha um efeito importante na perda por cozedura. Zabielsky et al., (1984) descobriram que a solubilidade da miosina, que diminui com o aumento da dose de irradiação até 10 kGy, pode resultar numa redução da WHC. Foi demonstrado que a irradiação aumenta significativamente a percentagem de perda por cozedura na carne devido aos danos nas fibras musculares e nas miofibrilas e à desnaturação das proteínas musculares (Yoon, 2003). Os danos na integridade estrutural das fibras musculares podem também reduzir a capacidade de absorção de água da carne, como observado na carne de peito de frango embalada a vácuo irradiada com 4kGy e armazenada durante sete dias, em comparação com as amostras não irradiadas e embaladas a vácuo após o mesmo período de armazenamento. Resultados semelhantes foram revelados por Sweetie et al., (2015) em amostras de carne irradiadas, foi observada uma redução dependente da dose na capacidade de retenção de água, no rendimento da cozedura e na força de cisalhamento. A baixa WHC pode afetar negativamente a aparência da carne e, assim, influenciar a vontade do consumidor de comprar o produto. Modi et al., (2008) também registaram uma WHC mais baixa na carne picada de cabra irradiada (4 kGy).

4.3.3 Valor de ácidos gordos livres (% de FFA)

O valor de Ácidos Gordos Livres (FFA %) de ambos irradiados e não irradiados com diferentes dias de intervalos é apresentado no Quadro 4.3. Os resultados de FFA parecem ser consistentes com os de TBA e POV.

A gama de AGL global observada nos diferentes tratamentos foi de 1,09 a 1,59%. Os diferentes sobrescritos entre estes grupos de tratamentos indicam que houve um aumento significativo com as doses de irradiação. O valor de AGL também aumentou com o tempo de armazenamento e a gama de valores globais aumentou entre 1,11 e 1,53%. No final do período de armazenamento (dia 60), o valor de AGL na amostra de controlo (1,53) foi significativamente (p < 0,05) mais elevado. Da mesma forma, Lescano et al. (1991) verificaram que meios peitos de frango embalados em tabuleiros de poliestireno e envolvidos em película de PVC irradiada a uma dose de 4,5 kGy apresentam um teor mais elevado de gorduras gordas em comparação com amostras de controlo não irradiadas. Os AGL são produtos da degradação enzimática ou microbiana dos lípidos (Das et al., 2008). Quattara et al., (2002) que a irradiação gama aumentou a oxidação lipídica em amostras de carne de bovino moída. A oxidação lipídica foi atribuída à combinação de radicais livres com O_2 para formar hidroperóxidos. (Yilmaz e Gecgel, 2007) mostraram que a concentração de **ácidos** gordos trans totais em amostras de carne de bovino moída irradiada era superior à das amostras de controlo e que as amostras de carne de bovino moída irradiada com 7 kGy apresentavam os **ácidos** gordos trans totais mais elevados. Ozden e Erkan, (2010) referiram que o teor total de ácidos gordos saturados aumentou nas amostras de peixe irradiado. Da mesma forma, Chen et al., (2007) mostraram que a percentagem de C16:0 e o total de SFA aumentaram (p<0,05) significativamente após a irradiação da carne de bovino. Em termos gerais, a irradiação acelera o processo de oxidação lipídica, o que é altamente significativo em alimentos com um elevado teor de gorduras e muitos ácidos gordos insaturados, nos quais se formam numerosos radicais livres devido a esta oxidação (O'Bryan et al., 2008).

4.3.4 Índice de peróxidos (POV-meq/kg)

O Quadro 4.3 mostra os efeitos da irradiação no índice de peróxidos, em comparação com um grupo de controlo. O intervalo do valor global de peróxido observado em diferentes níveis de tratamento foi de 1,38 a 1,94. O valor de POV durante todo o estudo aumentou significativamente com o aumento das doses de irradiação. Os valores de POV também aumentaram significativamente com o tempo de armazenamento e os valores gerais observados foram de 1,48 a 1,66. Os POV menos preferíveis foram observados após 60 dias de observação. Os resultados deste estudo estão de acordo com as conclusões de outros estudos que relataram um aumento da atividade de oxidação e da peroxidação lipídica como resultado do tratamento por radiação e do tempo de armazenamento da carne e dos produtos à base de carne (Al-Bachir e Zeinou, 2009; Bakalivanova et al., 2009). Além disso, alguns investigadores verificaram que, com o aumento das doses de radiação, os números de peróxidos dos lípidos na carne de bovino aumentavam (Quattara et al., 2002). Mas os dados de Javanmard et al. (2006) revelam que, imediatamente após a irradiação, não existem diferenças significativas (p>0,05) no valor de peróxido entre os grupos de carne de frango irradiada e de controlo.

4.3.5 Substâncias reactivas ao ácido tiobarbitúrico (TBARS)

O valor de TBARS nas amostras de carne de vaca irradiada e não irradiada é apresentado no Quadro 4.3. De um modo geral, os níveis de TBA aumentaram significativamente (P < 0,05) com o tempo de armazenamento, mostrando uma diminuição do prazo de validade. O intervalo do valor global de TBARS nos diferentes níveis de tratamento foi de 1,41 a 1,92, sendo que o sobrescrito totalmente diferente indica que os TBARS aumentaram significativamente com o aumento das doses de irradiação. A irradiação aumentou o TBARS das amostras de carne de bovino de uma forma dependente da dose. As amostras irradiadas a 6 KGy apresentaram valores mais elevados de TBARS do que as irradiadas a 2 e 4 KGy. Os TBARS também aumentaram significativamente com o tempo de armazenamento e o intervalo observado foi de 0,64 a 2,50. Estes resultados estão de acordo com resultados anteriores relativos a carne e produtos à base de carne (Kim et al., 2012). Badr (2004) mostrou que as amostras de carne de coelho foram irradiadas com doses de 0, 1,5 e 3 KGy, aumentando significativamente as suas quantidades de substâncias reactivas ao ácido tiobarbitúrico (TBARS). Do mesmo modo, alguns investigadores mostraram um aumento dos valores de TBA durante a irradiação e o armazenamento de várias carnes e produtos à base de carne (Badr 2004; Kanatt et al., 2006; Chen et al., 2007). Chun et al., (2010) não registaram diferenças significativas nos valores de TBARS tanto para doses crescentes de irradiação como para o aumento do período de armazenamento em peitos de frango. As quantidades de voláteis totais e os valores de TBARS estavam estreitamente relacionados, especialmente para o peru (Nam e Ahn, 2002). O desenvolvimento de rancidez na carne por oxidação lipídica começou no momento do abate e continua durante o armazenamento. Além disso, os radicais livres produzidos durante a irradiação desencadeiam consequentemente alterações químicas das carnes irradiadas, como a oxidação lipídica e/ou proteica (Kim et al., 2013). Além disso, a reação dos componentes da carne com radicais livres radiolíticos pode resultar em voláteis de enxofre ou monóxido de carbono na carne, que interferem com as qualidades sensoriais (Ahn, 2002). Além disso, os produtos de degradação da oxidação lipídica, incluindo aldeídos, cetonas, álcoois, hidrocarbonetos e furanos, podem causar a deterioração do sabor da carne irradiada e dos produtos à base de carne (Ahn, 2002). Brito et al., (2002) afirmaram que a dose de irradiação e a presença de oxigénio são as principais causas da oxidação lipídica devida à irradiação. Lewis et al., (2002) afirmaram que o valor TBARS dos filetes de peito de frango submetidos a 1 e 1,8 kGy era superior ao das amostras de controlo durante a armazenagem e aumentava ainda mais à medida que o tempo de armazenagem aumentava.

Tabela 4.3: Propriedades físico-químicas e bioquímicas (média ± SE) em amostras de carne de bovino irradiadas em comparação com o controlo

Parameters	DI	Treatments				Mean ± SE	Level of significance		
		T_1	T_2	T_3	T_4		Treat.	DI	T*DI
Raw pH	0	5.92±0.012	5.86±0.006	5.82±0.024	5.83±0.015	5.86[a]±0.014	<.0001	<.0001	0.6839
	30	5.84±0.009	5.81±0.006	5.80±0.012	5.77±0.008	5.80[b]±0.009			
	60	5.79±0.019	5.75±0.012	5.73±0.015	5.69±0.009	5.74[c]±0.014			
	Mean	5.85[a]±0.013	5.81[b]±0.008	5.78[bc]±0.017	5.76[c]±0.011				
Cooking Loss (%)	0	22.85±0.04	23.42±0.023	24.27±0.05	24.85±0.05	23.84[c]±0.041	<.0001	<.0001	<.0001
	30	26.84±0.01	28.66±0.12	29.37±0.04	30.72±0.13	28.89[b]±0.075			
	60	31.58±0.12	34.38±0.04	34.74±0.06	36.91±0.02	34.40[a]±0.06			
	Mean	27.09[d]±0.057	28.82[c]±0.061	29.46[b]±0.05	30.83[a]±0.066				
FFA (%)	0	0.95±0.058	1.10±0.031	1.17±0.009	1.24±0.021	1.11[c]±0.030	<.0001	<.0001	<.0001
	30	1.07±0.021	1.16±0.023	1.28±0.023	1.41±0.029	1.23[b]±0.024			
	60	1.25±0.015	1.33±0.017	1.42±0.035	2.11±0.021	1.53[a]±0.022			
	Mean	1.09[d]±0.031	1.20[c]±0.024	1.29[b]±0.022	1.59[a]±0.024				
POV (meq/kg)	0	1.27±0.029	1.35±0.015	1.44±0.020	1.84±0.023	1.48[c]±0.022	<.0001	<.0001	0.2363
	30	1.38±0.018	1.46±0.017	1.49±0.01	1.95±0.012	1.57[b]±0.014			
	60	1.49±0.012	1.55±0.011	1.57±0.012	2.03±0.012	1.66[a]±0.012			
	Mean	1.38[d]±0.019	1.45[c]±0.014	1.50[b]±0.014	1.94[a]±0.016				
TBARS (mg-MDA/kg)	0	0.53±0.019	0.62±0.009	0.66±0.011	0.73±0.008	0.64[c]±0.012	<.0001	<.0001	<.0001
	30	1.60±0.023	1.81±0.006	1.91±0.014	2.13±0.026	1.86[b]±0.017			
	60	2.10±0.057	2.36±0.016	2.65±0.042	2.90±0.028	2.50[a]±0.035			
	Mean	1.41[d]±0.033	1.59[c]±0.010	1.74[b]±0.013	1.92[a]±0.021				

*A média em cada linha com diferentes sobrescritos varia significativamente com valores p<0,05. Mais uma vez, os valores médios com o mesmo sobrescrito em cada linha não diferiram significativamente a p > O.CD.T_1 = Grupo controlado, T_2 = Grupo irradiado com 2 KGy, T_3 = Grupo irradiado com 4 KGy, T_4 = Grupo irradiado com 6 KGy, DI=Dias de intervalos, Treat= Tratamento, T*DI=Interação de tratamento e dias de intervalos.*

4.4 Avaliação microbiológica

No presente estudo, foi observado o efeito da irradiação gama na presença de microflora (TVC) e de agentes patogénicos de origem alimentar (Coliformes e Bolores e Leveduras) em carne de vaca controlada e irradiada. Após 0 dias de observação, quatro amostras do tipo foram conservadas a -20°C para observação aos 30 e 60 dias. A avaliação microbiológica é apresentada no Quadro 4.4.

4.4.1 Contagem viável total (TVC)

O valor do TVC da amostra de carne de bovino irradiada e não irradiada com diferentes dias de intervalo é apresentado no Quadro 4.4. A gama de TVC global observada com diferentes níveis de tratamento foi de 6,58 a 3,86 (log CFU/gm). Foram observados sobrescritos totalmente diferentes que indicam que o TVC diminuiu significativamente com as doses de irradiação. O tempo de armazenamento também aumentou significativamente o valor de TVC de 4,78 a 5,91 (log UFC/gm) ao longo do tempo de armazenamento. Os valores mais elevados devem-se à contaminação da zona de abate e do equipamento utilizado. O abate de animais de carne em condições anti-higiénicas, a utilização de água contaminada, a utilização de equipamento não esterilizado, como facas, ganchos enferrujados, condições deficientes e anti-higiénicas do matadouro, seguidas da produção e processamento de carne sem aderir às boas práticas de fabrico, podem resultar no aumento do nível de contagem bacteriana total na carne fresca (Permentan, 2010). Ferawati et al. (2015) encontraram resultados semelhantes na contagem total de placas, mostrando que as cargas microbianas das amostras irradiadas eram inferiores às do controlo, o que confirma a redução da contagem microbiana após a irradiação das amostras de carne fresca. Os microrganismos responsáveis pela deterioração dos alimentos são geralmente susceptíveis à irradiação; a redução de 90% da maioria das células vegetativas pode ser conseguida com 1-1,5 kGy (Brewer, 2009). Ozkan et al., (2006) registaram uma redução da contagem microbiana após a irradiação de dourada refrigerada (Sparus aurata). Moini et al., (2009) referiram que a irradiação com doses de 1, 3 e 5 kGy teve um efeito de redução significativo na contagem total viável em filetes de truta arco-íris. Javanmard et al., (2006) referiram que a irradiação tem um efeito de redução significativo na carga microbiana da carne de frango. Foi observada uma redução das contagens totais de bactérias e bolores no pomfret chinês fresco, Pampus chinensis, após radiação gama (Ahmed et al., 2009).

4.4.2 Contagem total de coliformes (TCC)

O valor TCC da carne irradiada e não irradiada com diferentes dias de intervalo é apresentado no Quadro 4.4. O intervalo geral observado com os valores dos diferentes tratamentos foi de 2,74 a 0,75 (log CFU/gm). A observação de um sobrescrito totalmente diferente indica que o valor de TCC diminuiu significativamente com as doses de irradiação. A menor quantidade de valor de TCC indica que este produto é preferível para a saúde dos consumidores. A gama de valores globais observados de diferentes dias de intervalos de TCC foi de 1,20 a 1,75 (log CFU/gm). Durante o armazenamento, o valor de TCC aumentou significativamente. O nível de coliformes totais foi mais elevado nas amostras de controlo (0 kGy) do que nas amostras irradiadas. Com um aumento da dose de irradiação, o número de coliformes diminuiu. Por conseguinte, a irradiação reduziu-os significativamente. O presente estudo está em harmonia com as conclusões (Inamura et al., 2012), segundo as quais as amostras irradiadas mostraram a diminuição das contagens microbiológicas de coliformes totais e podem ser seguras até 8 meses de armazenamento após a irradiação gama. A presença de coliformes é uma indicação de contaminação por seres humanos, aves ou água contaminada utilizada na lavagem, tanto no local de transformação como a nível retalhista (Talaro e Talaro, 2006). A presença de coliformes fecais elevados nos alimentos indica práticas de higiene deficientes na manipulação das carnes durante o abate e a transformação ou devido a uma possível contaminação da pele, da boca ou do nariz dos manipuladores, que pode ser introduzida diretamente na carne (Schroeder et al., 2005). Mantilla et al., (2010) também testaram o efeito da irradiação com doses de 3 KGy e uma atmosfera modificada (80% CO_2 /20% N_2) sobre o crescimento de coliformes desenvolvidos apenas em amostras embaladas no ar e na atmosfera não irradiada e não modificada.

4.4.3 Contagem total de leveduras e bolores (TYMC)

O valor TYMC na carne de bovino irradiada e não irradiada é apresentado no Quadro 4.4. A gama de contagem total de leveduras e bolores observada na carne de bovino foi de 3,65 a 1,12 (log CFU/g), em diferentes níveis de tratamento. Os diferentes sobrescritos observados indicam que a TYMC diminuiu significativamente com as doses de irradiação. O intervalo global da contagem total de leveduras e bolores foi de 4,09 a 1,12 e o valor observado indica que as leveduras e bolores da carne de bovino não irradiada foram significativamente mais elevados do que os da amostra tratada com irradiação. A menor quantidade de TYMC indica que este produto é preferível para a saúde dos consumidores. Durante a radiação, as moléculas de ADN sofrem um inchaço e quebram-se ao longo da cadeia, impedindo-as de funcionar normalmente. Como resultado, os parasitas e microrganismos afectados deixam de ser capazes de se reproduzir e morrem (Lacroix et al., 2000). A gama de valores globais observados de TYMC em diferentes dias de intervalo foi de 1,61 a 2,41. O TYMC aumentou significativamente com o tempo de armazenamento. Badr (2004) referiu que a irradiação da carne de coelho reduziu significativamente as contagens de leveduras e bolores em 84 e 94%, respetivamente. Ahmed et al., (2009) também referiram que eram necessários 4 kGy para controlar o crescimento de fungos no peixe seco ao sol. Foi afirmado que as leveduras e os bolores são sensíveis ao processo de irradiação devido à sua grande estrutura genómica (Fallah et al., 2010).

Tabela 4.4: Efeito de diferentes doses de irradiação na população microbiana (média ± SE) da carne de bovino

Parameters	DI	Treatments				Mean ± SE	Level of significance		
		T_1	T_2	T_3	T_4		Treat.	DI	T*DI
TVC (log CFU/g)	0	6.05±0.058	5.14±0.049	4.68±0.037	3.26±0.052	4.78^c±0.049	<.0001	<.0001	.0003
	30	6.70±0.14	5.55±0.057	4.81±0.027	3.74±0.046	5.20^b±0.068			
	60	7.01±0.035	6.32±0.034	5.74±0.042	4.58±0.043	5.91^a±0.039			
	Mean	6.58^a±0.078	5.67^b±0.047	5.07^c±0.035	3.86^d±0.047				
TCC (log CFU/g)	0	2.20±0.023	1.06±0.040	0.98±0.02	0.58±0.040	1.20^c±0.031	<.0001	<.0001	<.0001
	30	2.84±0.061	1.26±0.032	1.11±0.035	0.70±0.046	1.48^b±0.044			
	60	3.17±0.035	1.49±0.048	1.64±0.030	0.97±0.049	1.75^a±0.041			
	Mean	2.74^a±0.040	1.27^b±0.037	1.16^c±0.028	0.75^c±0.045				
TYMC (log CFU/g)	0	2.94±0.029	1.70±0.012	0.95±0.064	0.84±0.026	1.61^c±0.033	<.0001	<.0001	<.0001
	30	3.69±0.026	1.87±0.046	1.37±0.038	1.17±0.029	2.03^b±0.035			
	60	4.33±0.031	2.34±0.052	1.64±0.030	1.35±0.048	2.41^a±0.052			
	Mean	3.65^a±0.044	1.97^b±0.037	1.31^c±0.044	1.12^d±0.034				

*A média em cada linha com diferentes sobrescritos varia significativamente em valores p< 0,05. Mais uma vez, os valores médios com o mesmo sobrescrito em cada linha não diferiram significativamente a p > 0,05. T_1 = Grupo de controlo, T_2 = Grupo irradiado com 2 KGy, T_3 = Grupo irradiado com 4 KGy, T_4 = Grupo irradiado com 6 KGy, DI=Intervalos de dias, Treat= Tratamento, T*DI=Interação de tratamento e intervalos de dias.*

Foto-placa 3: Teste de painel para avaliação sensorial

Foto-Placa 4: Avaliação microbiana da amostra de carne de bovino

CAPÍTULO V

RESUMO E CONCLUSÕES

O estudo foi efectuado com o objetivo de descobrir o efeito da irradiação gama no prazo de validade e na qualidade da carne de bovino. Para este efeito, a amostra de carne foi dividida em quatro grupos para irradiação em diferentes doses e cada grupo foi exposto à dose de 0,0 KGy (controlada), 2,00 kGy (T_2), 4,00 KGy (T_3) e 6,00 KGy (T_4), respetivamente. As irradiações foram efectuadas no Bangladesh Institute of Nuclear Agriculture (BINA) nas suas secções electrónicas. As amostras foram conservadas a -20°C durante 60 dias e foram analisadas nos dias 0, 30 e 60. As amostras foram analisadas em várias avaliações sensoriais, físico-químicas, bioquímicas e microbianas. A qualidade sensorial, como a cor, o sabor, a tenrura, a suculência e a aceitabilidade geral, foi observada por um grupo de júris treinados. Foram estudadas as qualidades físico-químicas e bioquímicas, como a análise proximal, a perda por cozedura, o pH e a medição da oxidação lipídica como valor de peróxido, valor de ácidos gordos livres (AGL), valor de TBARS; e as avaliações microbianas através da contagem total viável, contagem total de coliformes e contagem total de bolores e leveduras. Os tratamentos foram analisados numa experiência fatorial 4*3 em CRD, replicada três vezes por tratamento.

Os resultados obtidos no presente estudo podem ser resumidos da seguinte forma - Na verdade, não foram encontradas diferenças significativas no sabor, na tenrura, na suculência e na acessibilidade geral, mas a pontuação da cor foi significativamente mais elevada na carne de vaca tratada com radiação do que na não irradiada. Mais uma vez, os atributos sensoriais diminuíram significativamente com o período de armazenamento. Mais uma vez, a cor mais preferida foi encontrada na carne tratada com radiação em comparação com a carne não irradiada e também se encontrou algum sabor indesejável nos grupos tratados com radiação. No entanto, as amostras com tratamento irradiado obtiveram uma pontuação de aceitabilidade do consumidor mais elevada no teste do painel, em comparação com a amostra de controlo.

A MS e o EE aumentaram significativamente com o aumento das doses de irradiação e com o tempo de armazenamento. As amostras tratadas por irradiação mostraram uma maior quantidade de MS e EE em comparação com as amostras não irradiadas (controlo).

O teor de PC da carne não teve efeito significativo com doses de irradiação mais elevadas. O teor de PC é quase o mesmo em todos os grupos de tratamento. Mas o PC diminuiu significativamente com o tempo de armazenamento.

Mais uma vez, doses mais elevadas de irradiação diminuíram significativamente o teor de cinzas da carne (p<0,05), e o teor de cinzas também diminuiu significativamente (p<0,05) com o tempo de armazenamento.

O pH e os AGL da carne crua diminuíram significativamente com o aumento das doses de irradiação e do tempo de armazenamento e a sua diminuição foi completamente dependente da dose.

Os valores de perda por cozimento, PV e TBA de todas as amostras aumentaram significativamente durante todo o período de armazenamento e com doses de irradiação mais elevadas. As concentrações de POV e TBARS foram comparativamente mais elevadas na carne de bovino tratada com irradiação do que na carne de bovino de controlo e a sua concentração foi completamente dependente da dose.

Por outro lado, o TVC, o TCC e o TYMC foram comparativamente mais baixos na carne de bovino tratada com radiação do que na carne de bovino de controlo. Mais uma vez, o TVC, o TCC e o TYMC na carne de bovino aumentaram significativamente com o avanço do período de armazenamento.

Os resultados do estudo demonstraram claramente que a irradiação gama teve um efeito significativo na redução de TVC, TCC e TYMC. A irradiação preservou o valor nutritivo da carne e aumentou o prazo de validade da carne sem alterar as propriedades nutricionais e sensoriais da carne. Entre os tratamentos, a dose de irradiação mais elevada (6,0 KGy) apresentou os melhores resultados em termos de aceitabilidade global, controlo dos microrganismos e prolongamento do prazo de validade da carne de bovino.

REFERÊNCIAS

Aaslyng MD, Oksama M, Olsen E, Bejerholm C, Baltzer M, Andersen G, Bredie WLP, Byrne DV, Gabrielsen G 2007: O impacto da qualidade sensorial da carne de porco na preferência do consumidor. *Meat Science* **76** 61-73.

Aftab M, Rafaqat I, Saleem F, Aftab B, Abdullah R, Iqtedar M, Kaleem A, Iftikhar T, Naz S 2015: Aumento do prazo de validade e da salubridade da carne de cabra por tratamento de irradiação gama. *International Journal of Bioscience* **7(4)** 177185.

Ahmed MK, Hasan M, Alam MJ, Ahsan N, Islam MM, Akter MS 2009: Effect of gamma radiation in combination with low temperature refrigeration on the chemical, microbiological and organoleptic changes in pampus Chinensis. *Jornal Mundial de Zoologia* **4** 9-13.

Ahn DU 2002: Produção de voláteis a partir de homopolímeros de aminoácidos por irradiação. *Journal of Food Science* **67** 2565-2570.

Ahn DU, Nam KC 2004: Effects of ascorbic acid and antioxidants on color, lipid oxidation and volatiles of irradiated ground beef. *Radiation Physics and Chemistry* **71** 149-154.

Al-Bachir M, Farah S, Othman Y 2010: Influência da irradiação gama e da armazenagem na carga microbiana, na qualidade química e sensorial da espetada de frango. *The Journal of Physical chemistry* **79** 900-905.

Al-Bachir M, Zeinou R 2009: Effect of gamma irradiation on microbial load and quality characteristics of minced camel meat (Efeito da irradiação gama na carga microbiana e nas caraterísticas de qualidade da carne de camelo picada). *Meat Science* **82** 119-124.

Al-Bachir M, Zeinou R 2014: Efeito da irradiação gama na carga microbiana, propriedades químicas e sensoriais da carne de cabra. *Ata Alimentaria* **43(2)** 264-272.

Al-Bachir M, Zeinou R 2009: Effect of gamma irradiation on microbial load and quality characteristics of minced camel meat (Efeito da irradiação gama na carga microbiana e nas caraterísticas de qualidade da carne de camelo picada). *Meat Science* **82** 119-124.

Ali FH, Zahran DA 2010: Effect of growth enhancers on quality of chicken meat during cold storage (Efeito dos factores de crescimento na qualidade da carne de frango durante o armazenamento a frio). *Jornal de Ciência e Tecnologia Alimentar* **2(4)** 219-226.

AMSA 1995: Diretrizes de investigação para a confeção, avaliação sensorial e medição instrumental da maciez da carne fresca. Chicago III. American Meat Science Association e Nutritional Live Stock and Meat Board.

Anon 2007: Política nacional de desenvolvimento da pecuária. URL http;//www.dls.gov.bd/files/Livestock _policy_Final.pdf

AOAC 1995: Método oficial de análise da Associação de Químicos Analíticos Oficiais. Association of Official Analytical Chemists. Washington, D.C.

Arannilewa ST, Salawa SO, Sorungbe AA, Olasalawu BB 2005: Efeito do período de congelação na qualidade química, microbiológica e sensorial da tilápia congelada (Sarotherodon galilaleus). *Jornal Africano de Biotecnologia* **4(8)** 852-855.

Artes F, Gomez P, Hernandez F 2007: Deterioração física, fisiológica e microbiana de frutas e vegetais minimamente frescos processados. *Food Science Technology International* **13** 177-188.

Badr HM 2004: Use of irradiation to control foodborne pathogens and extend the refrigerated market life of rabbit meat. *Meat Science* **67** 541-548.

Bakalivanova T, Grigorova S, Kaloyanov N 2009: Effect of irradiation and packaging on lipid fraction of Bulgarian salami during storage (Efeito da irradiação e da embalagem na fração lipídica do salame búlgaro durante a armazenagem). *Radiation Physics and Chemistry* **78** 273-276.

Bangladesh Economic Review, Divisão de Finanças, Ministério das Finanças, Governo da República Popular do Bangladesh (inglês) 2016: 98-99.

Batista RF 2014: Efeito da irradiação de alta dose nas caraterísticas de qualidade de filetes de peito de frango prontos a comer armazenados à temperatura ambiente. *Poultry science* **93** 2651-2656.

Batzer O, Doty D 1955: Esterilização por radiação, natureza dos odores indesejáveis formados pela irradiação gama da carne de bovino. *Journal of Agricultural and Food Chemistry* **3** 64-67.

Biesalski HK, Wellner U, Stofft E, Baessler KH 1985: Deficiência de vitamina A e função sensorial. *Ata Vitaminologica et Enzymologica* **7** 45-54.

Biswas S, Das AK, Banerjee R, Sharma N 2007: Effect of electrical stimulation on quality of tender stretched chevon sides. *Meat Science* **75** 332-336.

Brewer MS 2009: Efeitos da irradiação no sabor da carne. A review. *Meat Science* **8** 1-14.

Brewer MS 2004: Irradiation effects on meat color - A review. *Meat Science* **68(1)** 117.

Brito MS, Villavicencio ALCH, Mancini-filho J 2002: Efeitos da irradiação na formação de ácidos graxos trans em carne moída. *Radiation Physics and Chemistry* **63** 337340.

CFIA 2016: Irradiação de alimentos. http://www.inspection.gc.ca/food/consumer-centre/food-safety-tips/labellingfood packaging and storage/irradiation/eng/1332358607968/1332358680017

Cheng A, Wan F, Xu T, Du F, Wang W, Zhu Q 2011: Effect of irradiation and storage time on lipid oxidation of chilled pork. *Radiation Physics and Chemistry* **80** 475-480.

Chen WS, Liu DC, Chen MT 2002: The effect of roasting temperature on the formation of volatile compounds in Chinese-style pork jerky. *Asian- Australasian Journal of Animal Sciences* **15** 427-431.

Chen YJ, Zhou GH, Zhu XD, Xu XL, Tang XY, Gao F 2007: Effect of low dose gamma irradiation on beef quality and fatty acid composition of beef intramuscular lipid. *Meat Science* **75** 423-431.

Chun HH, Kim JY, Lee BD, Yu DJ, Song KB 2010: Efeito da irradiação UV-C na inativação de agentes patogénicos inoculados e na qualidade dos peitos de frango durante o armazenamento. *Food Control* **21** 276-280.

Cleland MR, Sommers CH, Fan X 2006: Advances in gamma ray, electron beam and X-ray technologies for food Irradiation research and technology. *James Blackwell* 11-32.

Clarence SY, Obinna CN, Shalom NC 2009: Avaliação da qualidade bacteriológica de alimentos prontos a comer (Tarte de carne) na metrópole de Benin City, Nigéria. *Jornal Africano de Investigação Microbiológica* **3(6)** 390-395.

Das AK, Anjaneyulu ASR, Gadekar YP, Singh RP, Pragati H 2008: Effect of full-fat soy paste and textured soy granules on quality and self-life of goat meat nuggets in frozen storage. *Meat Science* **80** 607-614.

Dempster JF, Hawrysh ZJ, Shand P, Lahola-chomiak L, Corletto L 1985: Effect of low dose irradiation (radurisation) on the shelf life of beef burgers stored at 3 C. *Food Technology* **20** 145-154.

Dhanda J, Taylor D, Murray P, 2003: Parâmetros de crescimento, carcaça e qualidade da carne de caprinos machos: Effects of genotype and liveweight at slaughter. *Small Ruminant Research* **50** 57-66.

Diehl JF 2002: Food irradiation-past, present and future (Irradiação de alimentos - passado, presente e futuro). *Radiation Physics and Chemistry* **63** 211-215.

Diehl JF 2001: Realizações na irradiação de alimentos durante o século XX. In: Loaharanu, P., Thomas, P. (Eds.). Irradiação para segurança e qualidade alimentar. Technomic Publishing Company Incorporated Lancaster 1-2.

Jung HH 2007: Packaging for foods treated with ionizing radiation (Embalagem de alimentos tratados com radiação ionizante). Blackwell Publishing.

Du M, Hur SJ, Ahn DU 2002: Raw meat packaging and storage affect the color and odor of irradiated broiler breast fillets after cooking. *Meat Science* **61** 49-54.

EFSA (Autoridade Europeia para a Segurança dos Alimentos) 2011: Declaração que resume as conclusões e recomendações dos pareceres sobre a segurança da irradiação de alimentos adoptados pelos painéis BIOHAZ e CEF. *Jornal da EFSA* **9** 2107.

Ehlermann, Dieter AE 2016: The early history of food irradiation. *Radiation physics and chemistry (Oxford, Inglaterra: 1993)* **129** 10-12.

Eurofins Scientific, 2015: Testes de irradiação para uma rotulagem correta em que pode confiar.

Eustice RF, Bruhn CM 2013: Aceitação do consumidor e comercialização de alimentos irradiados. Centro de investigação do consumidor, departamento de ciência e tecnologia alimentar. 173- 195.

Fallah AA, Saei-Dehkordi S, Rahnama M 2010: Melhoria da qualidade microbiana e inativação de bactérias patogénicas por irradiação gama de frango grelhado iraniano pronto a cozinhar. *Radiation Physics and Chemistry* **79** 1073-1078.

Fallah AA, Tajik H, Farshid AA 2010: Chemical quality, sensory attributes and ultrastructural changes of gammairradiated camel meat (Qualidade química, atributos sensoriais e alterações ultra-estruturais da carne de camelo irradiada com raios gama). *Journal of Muscle Foods* **21** 597-613.

Farkas J 2004: Charged particle and photon interactions with matter, In: Mozumder, A. & Hatano, Y. (eds) Food Irradiation, Marcel Dekker New York 785-812.

Ferawati, Endang P, Arief, Khalil 2015: Efeito da tecnologia de irradiação gama na qualidade microbiana e nos atributos sensoriais da carne fresca no mercado tradicional de Pondok Labu, no sul de Jacarta. *Jornal de Nutrição do Paquistão* **14 (10)** 693697.

Formanek Z, Lynch A, Galvin K, Farkas J, Kerry JP 2003: Combined effects of irradiation and the use of natural antioxidants on the shelf-life stability of overwrapped minced beef. *Meat Science* **63** 433-440.

Fregonesi RP, Portes RG, Aguiar AMM, Figueira LC 2014: Carne de cordeiro embalada a vácuo irradiada e armazenada sob refrigeração: Microbiologia, estabilidade físico-química e aceitação sensorial. *Ciência da Carne* **97(2)** 151-155.

Autoridade de Segurança Alimentar da Irlanda (FSAI) 2005: Food irradiation Information document. Disponível em http://www.piwet.pulawy.pl/irradiacja/food irradiation - information document.pdf

Furnols FIM, Realini CE, Guerrero L, Oliver MA, Sanudo C, Campo MM, Nute GR, Caneque V, Alvarez I, San Julian R, Luzardo S, Brito G, Montossi F 2009: Aceitabilidade do borrego alimentado com pasto, concentrado ou combinações de ambos os sistemas pelos consumidores europeus. *Meat Science* **81** 196-202.

Gecgel U 2013: Alterações em algumas propriedades físico-químicas e composição de ácidos gordos de almôndegas irradiadas durante o armazenamento. *Jornal de Ciência Alimentar* **50** 505-513.

Hallman GJ 2001: Irradiação como um tratamento de quarentena In: R, Molins (ed). Food irradiation principles & applications, *Wiley-International science* 113-130.

Helana A, Silva END, Bolini H, Katia MV 2003: Efeito da irradiação gama na qualidade da carne de frango desossada mecanicamente refrigerada. *Meat Science* **65(2)** 919-26.

Heinz G, Hautzinger P 2007: Meat processing technology for small- to medium scale producers (Tecnologia de transformação de carne para pequenos e médios produtores). Publicação RAP, FAO, Banguecoque.

Henriques LSV, Henry FC, Laderia SA, Antonio IMS 2013: Eliminação de coliformes e Salmonella spp. em carne ovina por tratamento com irradiação gama. *Revista Brasileira de Microbiologia* **44(4)** 1147-1153.

Henry FC, Silva TJP, Franco RM, Freitas MQ, Jesus EFO 2010: Efeito da radiação gama na qualidade da carne de peito de peru congelado. *Jornal de Segurança Alimentar* **30** 615- 634.

Hoa VB, Kyoung MP, Dashdorj D, Hwang I 2014: Efeito do tipo de músculo e do período de envelhecimento do refrigerador a vácuo nas composições químicas, qualidade da carne, atributos sensoriais e compostos voláteis da carne de bovino nativa coreana. *Revista de ciência animal* **85** 164-167.

Hocquette JF, Botreau R, Picard B, Jacquet A, Pethick DW, Scollan ND 2012: oportunidades para prever e manipular a qualidade da carne de bovino. *Meat Science* **92(3)** 197-209.

Inamura PY, Uehara VB, Teixeira, Christian AHM, Mastro NL 2012: Efeitos mediatos da radiação gama em alguns alimentos embalados. *Física e Química das Radiações* **81** 1144-1146.

Islam A, Alam M, Amin M, Roy D 2010: Effect of sun drying on the composition and shelf life of goat meat (capra aegagrus hircus). *Bangladesh Research Publications Journal* **2** 57-59.

ISO 1995: Recomendação da reunião do subcomité, Organização Internacional de Normalização, sobre carne e produtos à base de carne. ISO/TC- 36/SC- 6. Países Baixos. 10-18.

Javanmard M, Rokni N, Bokaie S, Shahhosseini G 2006: Effects of gamma irradiation and frozen storage on microbial, chemical and sensory quality of chicken meat in Iran (Efeitos da irradiação gama e da armazenagem congelada na qualidade microbiana, química e sensorial da carne de frango no Irão). *Food Control* **17** 469-473.

Jones JM 1992: Capítulo 12. Food irradiation in food safety. Eagan Press. St. Paul, MN.

Jouki M 2014: Evaluation of gamma irradiation and frozen storage on microbial load and physico-chemical quality of turkey breast meat. *Animal Science Papers and Reports Institute of Genetics and Animal Breeding Jaslrzcbicc Poland* **32(2)** 161-171.

Kalyani B Manjula K 2014: Tecnologia e aplicação de irradiação de alimentos. *International Journal Of current Microbiology and Applied Sciences* 549-555.

Kanatt SR, Chander R, Sharma A, 2006: Effect of radiation processing of lamb meat on its lipids. *Food Chemistry* **97(1)** 80-86.

Kanatt SR, Chawla SP, Sharma, Arun 2015: Efeito do processamento de radiação na amaciação da carne. *Física e Química da Radiação* 1-8.

Khatun , Ahmed S, Islam MN, Islam S, Haque MN 2014: Comercialização de gado na maioria das áreas periféricas do Bangladesh: Um estudo de base. In, Workshop Anual de Revisão da Investigação Savar Dhaka 77-78.

Kim HJ, Kang M, Yong HI, Bae YS, Jung S, Jo C 2013: Efeitos sinérgicos da irradiação por feixe de electrões e do extrato de alho-porro na qualidade da carne seca de porco durante o armazenamento à temperatura ambiente. *Asian Australaian Journal of Animal Science* **26** 596-602.

Kim IS, Jo C, Lee KH, Lee EJ, Ahn DU, Kang SN 2012: Efeitos da irradiação gama de baixo nível nas caraterísticas da salsicha de porco fermentada durante o armazenamento. *Radiation Physics and Chemistry* **81** 466-472.

Kim YH, Nam KC, Ahn DU 2002: Volatile profiles, lipid oxidation and sensory characteristics of irradiation meat from different animal species. *Meat Science* **61** 257-265.

Konieczny P, Stangierski J, Kijowski J 2007: Caraterísticas físicas e químicas e aceitabilidade do beef jerky caseiro. *Meat Science* **76 (2)** 253-257.

Kundu D, Alexander G, Chenyuan L, Goswami A, Richard H 2013: Utilização de irradiação de feixe eletrónico de baixa dose para reduzir a viabilidade de E. coli O157:H7, E. coli não-O157 (VTEC) e Salmonella em superfícies de carne. *Journal of Food Science* **42** 354-359.

Kundu D, Alexander G, Chenyuan L, Goswami A, Richard H 2014: Utilização de irradiação por feixe eletrónico de baixa dose para reduzir a viabilidade de E. coli O157:H7, E. coli não-O157 (VTEC) e Salmonella em superfícies de carne. *Meat Science* **96(1)** 413-418.

Lacroix M, Ouattara B 2010: Processos industriais combinados com irradiação para assegurar a inocuidade e a preservação de produtos alimentares - uma revisão. *Food Research International* **33** 719-724.

Lee JY, Kunz B 2005: The antioxidant properties of baechu-kimchi and freeze-dried kimchi-powder in fermented sausages. *Meat Science* **69** 741-747.

Lescano G, Narvaiz P, Kairiyama E, Kaupert N 1991: Effect of chicken breast irradiation on microbiological, chemical and organoleptic quality. *Lebensmittel Wissenschaft Und Technology* **24** 130-134.

Lewis SJ, Vela Squez A, Cuppett SL, Mckee SR 2002: Effect of Electron Beam Irradiation on Poultry Meat Safety and Quality (Efeito da Irradiação por Feixe de Electrões na Segurança e Qualidade da Carne de Aves). *Poultry Science* **81** 896-903.

Li X, Lindahl G, Zamaratskaia G, Lundstrom K, 2012: Influência da embalagem a vácuo da pele na estabilidade da cor do longissimus lumborum da carne de bovino em comparação com a embalagem a vácuo e em atmosfera modificada com alto teor de oxigénio. *Meat Science* **92** 604-609.

Loaharanu P, Mainuddin A 1991: Advantages and disadvantages of the use of irradiation for food preservation. *Journal of Agricultural and Environmental Ethics* **4** 14-30.

Lui Z, Xiong Y, Chen J, (2010): A oxidação das proteínas aumenta a hidratação mas suprime a capacidade de retenção de água no músculo Longissimus porcino. *Journal of Agricultural and Food Chemistry* **58** 10697-10704.

Mancini RA, Hunt MC 2005: Investigação atual sobre a cor da carne. *Meat Science* **71 (1)** 100-121.

Mantilla SPS, Santos EB, Vital EC, Mano SB, Freitas MQ, Franco RB 2010 Efeito combinado da embalagem em atmosfera modificada e radiação gama na microbiologia e na aceitação sensorial de files de peito de frango resfriados. *Biotemas* **23** 149-155.

Margit DA, Camila B, Ertbjerg P, Anderson HJ 2003: Perda de cozedura e suculência da carne de porco em relação à qualidade da carne crua e ao procedimento de cozedura. *Food quality and Preference* **14 (4)** 277-288.

Marta MX, Robson MF, Mauro CL, Wagner TC 2016: Efeito da irradiação gama (Co60) no controle de Enterococci spp. e Escherichia coli em coração de frango (Gallus gallus) refrigerado. *Revista de Bioenergia e Ciência dos Alimentos* **3(3)** 124-129.

MFDS 2015: Norma para irradiação. Codex Coreano de Normas Alimentares. Ministério da Segurança Alimentar e dos Medicamentos.

Mistura LPF, Célia C 2009: O efeito da irradiação e do processo térmico na concentração de ferro heme e nas propriedades de cor da carne bovina. *Ciência e Tecnologia de Alimentos* **29(1)** 195-199.

Modi VK, Sakhare PZ, Sachindra NM, Mahendrakar NS 2008: Changes in quality of minced meat from goat due to gamma irradiation (Alterações na qualidade da carne picada de cabra devido à irradiação gama). *Journal of Muscle foods* **19** 430-442.

Moini S, Tahergorabi R, Seyed Vali, H, Rabbani M, Tahergorabi Z, Feas X, Aflaki F 2009: Effect of gamma radiation on the quality and shelf life of refrigerated rainbow trout (Oncorhynchus mykiss) fillets. *Jornal de Proteção Alimentar* **72**, 1419-1426.

Molins R 2001: Introdução. In: Molins, R.(ed.) Food irradiation, principles and applications. New York: Wiley. pp 1-14.

Mondal SP, Yamagem 2010: Estudo retrospetivo sobre a epidemiologia do carbúnculo bacteriano, da febre aftosa, da septicemia hemorrágica, da Peste dos Pequenos Ruminantes e da raiva no Bangladeche 2010-2012.

Morales DA, Moreno-Indias I, Falcon A, Arguello A, Sanchez-Macias D, Capote J, Castro N 2009: Effects of various packaging systems on the quality characteristic of goat meat. *Asian-Australasian Journal of Animal Sciences* **22(3)** 428-432.

Muchenje V, Dzama K, Chimonyo M, Strydom PE, Hugo A, Raats JG 2009: Alguns aspectos bioquímicos relacionados com a qualidade da carne de bovino e a saúde do consumidor: A review. *Food Chemistry* **112** 279-289.

Murshidul A, Badrul H, Magnus A, Sirkku S 2014: Manuseamento e bem-estar do gado bovino em matadouros locais no Bangladesh. *Journal of Applied Animal Welfare Science* **17** 340-353.

Nam KC, Ahn DU 2002: Carbon monoxide-heme pigment is responsible for the pink color in irradiated raw turkey breast meat. *Meat Science* **60** 25-33.

O'Bryan CA, Crandall PG, Ricke SC, Olson DG 2008: Impact of irradiation on the safety and quality of poultry and meat products: A review. *Critical Reviews in Food Science and Nutrition* **48** 442-457.

Ozkan O, Muge I, Nuray E 2006: Effect of different dose gamma radiation and refrigeration on the chemical and sensory properties and microbiological status of aquacultured sea bass (Dicentrarchus labrax). *Radiation Physics and Chemistry,* **76** 169-178.

Ozden O, Erkan N 2010: Impacto da radiação gama nos componentes nutricionais do robalo (Dicentrarchus labrax) cultivado minimamente processado. *Iran Journal of Fisheries Science* **9** 265-278.

Paredi G, Sentandreu MA, Mozzarelli A, Fadda S, Hollung K, Almeida AM 2013: Músculo e carne: novos horizontes e aplicações para a proteómica numa perspetiva da exploração agrícola à mesa. *Journal of Proteomics* **88** 58-82.

Park JG, Yoon Y, Han IJ, Song BS, Kim JH, Hwang HJ, Han SB, Lee JW 2010: Effects of gamma irradiation and electron beam irradiation on quality, sensory, and bacterial populations in beef sausage patties. *Meat Science* **85** 368-372.

Prakash S, Jeyasanta I, Patterson JK, Patterson J 2014: Efeito da irradiação gama na qualidade microbiana de peixes secos. *Jornal Asiático de Microbiologia Aplicada* **1(3)** 26-48

Polkinghorne RJ, Thompson JM 2010: Meat standards and grading: A world view. *Meat Science* **86** 227-235.

Permentan (Peraturan Menteri Pertanian Republik Indonesia Nomor 13 Permentan OT 140 1 2010: Persyaratan rumah potong hewan ruminansia dan unit penanganan daging (Fábrica de corte de carne). Jakarta

Quattara B, Giroux G, Myefsah R, Smoragiewicz W, Saucier L, Borsa J 2002: Microbiological and biochemical characteristics of ground beef as affected by gamma irradiation, food additives and edible coating film. *Radiation Physics and Chemistry* **63** 299-304.

Rahman SM, Park J, Song KB, Al-Harbi NA, Oh DH 2012: Effect of slightly acidic low concentration electrolyzed water on microbiological, physicochemical, and sensory quality of fresh chicken breast meat. *Journal of Food Science* **77(1)** 35-41.

Ramamoorthi L, Toshkov S, Brewer MS 2009: Effects of irradiation on color and sensory characteristics of carbon monoxide-modified atmosphere packaged beef (Efeitos da irradiação na cor e nas caraterísticas sensoriais da carne de bovino embalada em atmosfera modificada com monóxido de carbono). *Meat science* **83(3)** 358-365.

Rweyemamu M, Roeder P, Mackay D, Sumption K, Brownlie J, Leforban Y, Valarcher JF, Knowles N, Saraiva V 2008: Epidemiological patterns of foot- and-mouth disease worldwide. Transboundary and Emerging Disease **55** 5772.

Saiga A, Tanabe S, Nishimura T 2003: Antioxidant activity of peptides obtained from porcine myofibrillar proteins by protease treatment. *Journal of Agricultural and Food Chemistry* **51(12)** 3661-3667.

Sallam KI, Ishioroshi M, Samejima K 2004: Antioxidantes e efeitos antimicrobianos do alho no enchido de frango. Lebensmittel-Wissenschaft and Technologie **37** 849855.

Schmedes A, Homer G 1989: A new thiobarbituricacid (TBA) method for determining freemalondialdehyde (MDA) and hydroperoxides selectively as a measure of lipidperoxidation. *Journal of American Oil Chemistry Society* **66** 813-817.

Schroeder CM, Naugle AL, Schlosser WD, Hogue AT, Angulo FJ, Rose JS 2005: Doenças infecciosas emergentes. **8(10)** 2385 - 2388.

Sohn SH, Jang A, Kim JK, Song HP, Kim JH, Lee M, Jo C 2009: Reduction of irradiation off-odor and lipid oxidation in ground beef by a-tocopherol addition and the use of a charcoal pack. *Radiation Physics and Chemistry* **78** 141-146.

Stefanova R, Toshkov SN, Vasilev V, Vassilev NG, Marekov IN 2011: Efeito da irradiação com raios gama no perfil de ácidos gordos da carne de vaca irradiada. *Food Chemistry* **127** 461-466.

Sultana A, Nakanishi A, Roy BC, Mizunoya W, Tatsumi R, Ito T, Tabata S, Rashid H, Katayama S, Ikeuchi Y 2008: Melhoria da qualidade do bíceps femoris de bovino congelado e refrigerado com a aplicação de uma solução de sal-bicarbonato. *Asian-Australian Journal of Animal Science* **21** 903-911.

Sweetie R, Kanattn, Chawla SP, Arun, Sharma 2015: Efeito do processamento por radiação na amaciação da carne. *Radiation Physics and Chemistry* **111** 1-8.

Talaro KF, Talaro AE 2006: Foundation in Microbiology. W.M.C. Brown Publisher,

Dubuque. pp. 781-783.

Tanzina H, Khanh DV, Bernard R, Jean B, Monique L 2015:_Efeito sinérgico da irradiação gama (y) e de antimicrobianos microencapsulados contra Listeria monocytogenes em carne pronta a consumir (RTE). *Food Microbiology* **46** 507-14.

Thompson JM, Gee A, Hopkins DL, Pethick DW, Baud SR, O'Halloran WJ 2005: Desenvolvimento de um protocolo sensorial para testar a palatabilidade da carne de ovino. *Australian Journal of Experimental Agriculture* **45** 469-476.

Umit G 2013: Alterações em algumas propriedades físico-químicas e composição de ácidos gordos de almôndegas irradiadas durante o armazenamento. *Jornal de Ciência e Tecnologia Alimentar* **50(3)** 505-513.

USEPA Agência de Proteção Ambiental dos Estados Unidos 2012: Proteção contra radiações. http://www.epa.gov/rpdweb00/sources/food_irrad.html

Vercruysse L, Camp JV, Smagghe G 2005: Péptidos inibidores da ECA derivados de hidrolisados enzimáticos de proteínas musculares animais: A review. *Journal of Agricultural Food Chemistry* **53** 8106-8115.

Wafaa SM, Afaf MD 2016: A inibição do crescimento de escherichia coli 0157:H7 por radiação gama melhora a qualidade higiénica da carne de bovino fresca refrigerada. *Jornal de Zoologia do Paquistão* **48(5)**1373-1379.

Wheeler TL, Shackelford SD, Koohmaraie M, Roman L, Hruska US 1999: Painel sensorial treinado e avaliação do consumidor dos efeitos da irradiação gama na palatabilidade de rissóis de carne moída congelada embalados a vácuo - T. Meat Animal Research Center, ARS, USDA. *Journal of Animal Science* **77** 3219-3224.

OMS, (Organização Mundial de Saúde) 2012: Ionizing radiation. http://www.who.int/ionizing_radiation/about/what_is_ir/en/index.html.

OMS (Organização Mundial de Saúde) 1981: Wholesomeness of irradiated foods. Relatório técnico série 659. Disponível em http://whqlibdoc.who.int/trs/WHO_TRS_659.pdf.

OMS 1999: Segurança e Adequação Nutricional dos Alimentos Irradiados. Genebra: Organização Mundial de Saúde.

OMS 1994: Segurança e Adequação Nutricional dos Alimentos Irradiados. Genebra: Organização Mundial de Saúde.

Wyness L 2013: "Nutritional aspects of red meat in the diet," in nutritional and climate Change: Major Issues confronting the Meat Industry, Wood, J. D. e Rowlings, C.

Eds., pp. 1-22, Nottingham University Press.

Yilmaz I Gecgel U 2007: Effects of gamma irradiation on trans fatty acid composition in ground beef (Efeitos da irradiação gama na composição de ácidos gordos trans na carne de bovino moída). *Food Control* **18** 635-638.

Yim DG, Ahn DU, Nam KC 2015: Effect of packaging and antioxidant combinations on physicochemical properties of irradiated restructured chicken rolls. *Jornal Coreano de Ciência Alimentar Recursos Animais* **35(2)** 248-257.

Yim DG, Jo C, Kim HC, Seo KS, Nam KC 2016: Aplicação da irradiação por feixe de electrões combinada com o envelhecimento para melhorar a qualidade microbiológica e físico-química do lombo de vaca. *Jornal Coreano de Ciência Alimentar Recursos Animais* **36(2)** 215-22.

Yoon KS 2003: Effect of gamma Irradiation on the texture and microstructure of chicken breast meat (Efeito da irradiação gama na textura e microestrutura da carne do peito de frango). *Meat Science* **63** 273-277.

Yosra BF, Valentin L, Dominic D, France SY, Martine L, Stephane S, Majid J, Dang K, Vu, Monique L 2016: Efeitos combinados da marinagem e da irradiação y na garantia da segurança, proteção do valor nutricional e aumento do prazo de validade da carne pronta a cozinhar para pacientes imunocomprometidos. *Meat Science* **118** 4351.

Youn KH, Kim WH, Lee CH, Kim CJ 2014: Efeitos da irradiação gama e irradiação de raios X na qualidade, caraterísticas sensoriais de rissóis de carne bovina. Conferência Internacional sobre Tecnologia de Alimentos e Nutrição IPCBEE, 72.

Zabielsky J, kizowski j, Fiszer W, Niewiarowicz A, 1984: The effect of irradiation on technological properties and protein solubility of broiler chicken meat. *Journal of the science of Food and Agriculture* **35** 662-670

Zhou GH, Xu XL, Liu Y 2010: Tecnologias de conservação de carne fresca - uma revisão. *Meat Science* **86(1)** 119-28.

Zhang W, Xiao S, Samaraweera H, Lee EJ, Ahn DU 2010: Melhorar o valor funcional dos produtos à base de carne. *Meat Science* **86(1)** 15-31.

Printed by Books on Demand GmbH, Norderstedt / Germany